新形态教材　　校企合作教材

高等职业教育教材

食品微生物检验

SHIPIN WEISHENGWU JIANYAN

卫晓英　操庆国　孙露敏　主编

化学工业出版社

·北京·

内容简介

本教材围绕食品类岗位对微生物检验能力的需求及人才培养目标要求，以食品微生物检验技能训练与职业素养形成为核心，按照重点突出、难易结合的原则编写而成。内容包括食品微生物检验入职培训、微生物的观察、微生物的生长、微生物的培养和食品微生物的检验五个模块。每个模块包括若干项目，每个项目涵盖案例引导、知识脉络、学习目标、知识准备、知识拓展和工作任务。每个工作任务包括任务概述、任务要求、任务实施、实施报告、巩固提升和任务评价。同时，每个模块配有微课视频等数字资源，有助于自主学习，提高实践能力。学生完成模块学习后设有自我评价环节。

本教材适合高职院校食品、农产品等相关专业教学使用，也可作为农产品食品检验员职业技能鉴定和"1+X"证书制度相关的粮农食品安全评价、食品合规管理培训的辅助教材，还可作为企业质量控制、岗位培训和研发人员的参考教材。

图书在版编目（CIP）数据

食品微生物检验 / 卫晓英，操庆国，孙露敏主编. —北京：化学工业出版社，2023.11
ISBN 978-7-122-44074-7

Ⅰ.①食⋯ Ⅱ.①卫⋯ ②操⋯ ③孙⋯ Ⅲ.①食品微生物-食品检验-高等职业教育-教材 Ⅳ.①TS207.4

中国国家版本馆CIP数据核字（2023）第161367号

责任编辑：傅四周 提 岩
文字编辑：刘洋洋
责任校对：边 涛
装帧设计：王晓宇

出版发行：化学工业出版社
　　　　　（北京市东城区青年湖南街13号 邮政编码100011）
印　　刷：北京云浩印刷有限责任公司
装　　订：三河市振勇印装有限公司
787mm×1092mm 1/16 印张13¼ 字数314千字
2024年2月北京第1版第1次印刷

购书咨询：010-64518888
售后服务：010-64518899
网　　址：http://www.cip.com.cn

凡购买本书，如有缺损质量问题，本社销售中心负责调换。

定　　价：45.00元　　　　　　　　版权所有 违者必究

编写人员名单

主　编　卫晓英（山东商务职业学院）

　　　　　操庆国（江苏农林职业技术学院）

　　　　　孙露敏（山东商务职业学院）

副主编　全永亮（山东商务职业学院）

　　　　　胡树凯（山东商务职业学院）

　　　　　于海洋（山东商务职业学院）

参　编　王　萍（莱西市职业中等专业学校）

　　　　　卫晓媛（烟台幼儿师范高等专科学校）

　　　　　张文莹（青岛新希望琴牌乳业有限公司）

　　　　　林　洁（山东商务职业学院）

　　　　　袁　磊（山东商务职业学院）

　　　　　周　怡（山东商务职业学院）

　　　　　盛丽梅（日照市质量检验检测研究院）

前　言

民以食为天，食以安为先，安以质为本。食物是人类赖以生存的基本物质，而食品安全则是影响人类身体健康的重要因素。随着生活水平的逐渐提高，人们对食品安全的关注度也日益提升。党的二十大报告提出了"强化食品药品安全监管""坚持安全第一、预防为主，建立大安全大应急框架，完善公共安全体系，推动公共安全治理模式向事前预防转型"的重要部署，作出了"推进健康中国建设""树立大食物观""实现高质量发展""构建全国统一大市场"的重要安排，为食品安全发展指明了方向。在食品安全危害中，微生物危害是最主要的危害，食品微生物检验是控制食品质量、实现安全监管的重要技术手段。

本教材在新职业教育理念背景下，围绕食品类岗位对微生物检验能力的需求及人才培养目标要求，以食品微生物检验技能训练与职业素养形成为核心，将相关内容梳理整合为五个模块。通过项目引导和任务驱动，将理论知识融入工作任务中，重点突出，层层递进，将党的二十大精神、食品安全国家标准、农产品食品检验员职业技能标准以及"1+X"证书制度相关的粮农食品安全评价、食品合规管理的内容穿插其中，重点培养学生的综合检验能力和职业素养。

内容组织上，以问题引导学习，以案例开篇，引导学生思考并分析完成各模块需要学习的知识内容，由此设立系列学习任务，激发学习兴趣，紧跟知识脉络图和学习目标，明确学习重难点。每个模块包括若干项目，每个项目涵盖案例引导、知识脉络、学习目标、知识准备、知识拓展和工作任务。在知识准备中，设置互动讨论问题，引导学生学以致用，探索求新，培养科学精神。在知识拓展中融入行业发展、政策法规、探索发现等内容，培养家国情怀，树立文化自信。每个工作任务包括任务概述、任务要求、任务实施、实施报告、巩固提升和任务评价。学生在完成整个模块的学习后设有自我评价环节，从知识和能力两方面进行考核，有助于学生自主学习，提高实践能力。

以岗位引导实践，编写团队成员包括检验机构人员与企业人员，共同梳理典型工作项目，将企业真实检验项目转换成教学项目，力求将学习内容与实际岗位内容紧密结合，并体现行业检测新技术，保证职业能力培养与检验岗位能力需求有效对接。本书检验项目使用的检验方法均出自国家标准，有助于培养学生的规范意识和标准意识。配有开发的微课、视频等课程资源，有助于提高学生学习的积极性和主动性，实现有针对性地查漏补缺、巩固提升。

  本教材在编写过程中参考了相关书籍和文章，并得到多位专家和企业人员的指导，在此一并表示感谢。由于编者水平有限，书中难免存在不足之处，请广大读者批评指正。

编者

目　录

模块一　食品微生物检验入职培训　/001

项目一　食品微生物检验认知　/001

案例引导　/001

知识脉络　/002

学习目标　/002

知识准备　/002

一、微生物基础知识　/002
二、食品微生物检验指标　/006

知识拓展　/015

工作任务　/016

任务一　食品微生物检验岗位认知　/016
任务二　食品微生物检验指标查询　/018

项目二　食品微生物检验实验室　/020

案例引导　/020

知识脉络　/020

学习目标　/021

知识准备　/021

一、食品微生物检验实验室基本要求　/021
二、无菌室基本要求　/025
三、食品微生物检验常用玻璃器皿　/027
四、实验室意外急救处理　/029

知识拓展　/030

工作任务　/030

任务　微生物检验用玻璃器皿的清洗与包扎　/030

自我评价　/032

模块二　微生物的观察　/034

项目一　微生物形态观察　/034

案例引导　/034

知识脉络　/035

学习目标　/035

知识准备　/036

一、细菌　/036

二、放线菌	/042
三、霉菌	/046
四、酵母菌	/049

知识拓展 /052

工作任务 /052

任务一	正确使用显微镜	/052
任务二	真菌形态的观察	/057
任务三	微生物菌落形态的比较和识别	/060

项目二　微生物染色观察　　/062

案例引导 /062

知识脉络 /062

学习目标 /063

知识准备 /063

一、微生物染色原理及方法	/063
二、常用染料分类	/065

知识拓展 /066

工作任务 /066

任务　微生物的革兰氏染色　　/066

自我评价 /069

模块三　微生物的营养与生长　/071

项目一　微生物的营养　　/071

案例引导 /071

知识脉络 /072

学习目标 /072

知识准备 /072

一、微生物的化学组成和营养素	/073
二、微生物的营养类型	/077
三、微生物对营养物质的吸收	/079

知识拓展 /081

工作任务 /082

任务　微生物营养物质的选择　　/082

项目二　微生物的生长　　/084

案例引导 /084

知识脉络 /084

学习目标 /085

知识准备 /085

一、微生物的生长曲线	/085
二、微生物生长的测定	/088

知识拓展 /090

工作任务 /090

任务一	细菌生长曲线的测定	/090
任务二	显微直接计数法测定细胞数	/093

自我评价 /096

模块四　微生物的培养　/097

项目一　培养基的配制　/097

案例引导　/097

知识脉络　/098

学习目标　/098

知识准备　/099

一、培养基种类与配制原则　/099
二、消毒与灭菌　/104

知识拓展　/108

工作任务　/109

任务　培养基的配制与灭菌　/109

项目二　微生物的纯培养　/113

案例引导　/113

知识脉络　/114

学习目标　/114

知识准备　/115

一、微生物的接种技术　/115
二、微生物的纯培养方法　/117

知识拓展　/120

工作任务　/120

任务一　微生物的接种　/120
任务二　微生物的分离纯化　/124

自我评价　/129

模块五　食品微生物的常规检验　/130

项目一　食品微生物样品的采集与前处理　/130

案例引导　/130

知识脉络　/131

学习目标　/131

知识准备　/132

一、食品微生物样品的采集　/132
二、样品的前处理　/135

知识拓展　/139

工作任务　/140

任务一　食品微生物样品的采集　/140
任务二　食品微生物样品的前处理　/145

项目二　食品微生物检验　/148

案例引导　/148

知识脉络　/148

学习目标　/148

知识准备　/149

知识拓展	/154	案例引导	/192
工作任务	/154	知识脉络	/193
任务一 菌落总数的测定	/154	学习目标	/193
任务二 大肠菌群计数	/160	知识准备	/193
任务三 霉菌和酵母计数	/165	知识拓展	/195
任务四 商业无菌检测	/171	工作任务	/196
任务五 沙门氏菌检验	/175	任务 菌落总数的快速检验	/196
任务六 金黄色葡萄球菌检验	/187	自我评价	/199
项目三 食品微生物的快速检验	/192		

参考文献　　/201

模块一

食品微生物检验入职培训

项目一

食品微生物检验认知

 案例引导

2006年,美国暴发"毒菠菜"事件,几十人因食用被大肠杆菌污染的菠菜中毒身亡;2010年,美国连续发生沙门氏菌感染甜瓜事件,并造成群发性食源性疾病;2011年,德国、瑞典等国因豆芽菜被大肠杆菌污染造成几百人中毒;2014年,丹麦有多人因食用含有李斯特菌的香肠中毒身亡。世界卫生组织在其发布的食源性疾病控制指南中指出,生物因素占食源性疾病总致病因子的84%以上,其中包括17种病菌、18种寄生虫和7种生物毒素。由此可见,控制食品中微生物风险因素对保障食品安全至关重要。

思考:①什么是微生物?对我们的生活有何影响?
②食品中检验的微生物指标有哪些?有何意义?

知识脉络

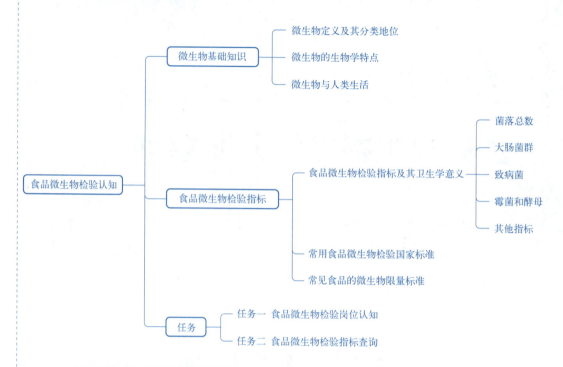

学习目标

知识：①熟悉微生物的定义及特点。
　　　②掌握常见微生物检验指标及其卫生学意义。
技能：①能够熟练查询国家标准。
　　　②能够根据样品特点分析微生物指标要求。
素养：①培养信息分析处理能力，增强标准意识。
　　　②培养食品安全意识和社会责任感。

知识准备

一、微生物基础知识

（一）微生物定义及其分类地位

微生物一般是指个体微小、结构简单、需要借助显微镜才能被观察到的微小生物的总称。从细胞结构上看，微生物通常包括无细胞结构的病毒、亚病毒，具有原核细胞结构的细菌、古菌，以及具有真核细胞结构的真菌、原生动物和单细胞藻类等。微生物一般个体微小，但是也有例外，例如许多真菌（木耳、蘑菇、灵芝等）的子实体肉眼可见。一般来说，微生物可以被认为是细胞结构相对简单的生物：大多数的细菌、原生动物、某些藻类和真菌是单细胞的微生物；即使是多细胞的微生物，其细胞结构也很简单，较少分化；病毒没有细胞结构，只有蛋白质外壳包围着遗传物质。

微生物的发现

微生物不是一个分类学名称。对于生物的分类，早在18世纪中叶，人们就把所有生物分成两界，即动物界和植物界。后来发现把自然界中存在的形体微小、结构简单的低等生物笼统归入动物界和植物界是不妥当的，到1866年，Haeckel提出了原生生物界，其中包括藻类、原生动物、真菌和细菌。到20世纪50年代，随着电子显微镜的应用和细胞超微结构研究的进展，提出了原核和真核的概念，因此把具有原核结构的细菌和具有真核结构的真菌等统归原生生物界显然是不科学的。1957年，Copeland提出四界分类系统：原核生物界（如细菌、蓝细菌等）、原生生物界（如原生动物、真菌、藻类等）、动物界和植物界。1969年，Whittaker提出把真菌单独列为一界，即形成了生物五界分类系统，将生物分为：原核生物界、原生生物界、真菌界、动物界和植物界。随着对病毒研究的深入，1977年我国微生物学家王大耜提出把病毒列为一界，即病毒界，因此在五界分类系统的基础上形成了六界分类系统。

随着分子生物学的发展，科学家们对生命起源和演化的研究越来越深入。20世纪70年代后期，地球上第三种生命形式——古菌的发现导致了生命三域学说的诞生，即古菌域、细菌域和真核生物域。古菌域包括嗜泉古菌界、广域古菌界和初生古菌界等；细菌域包括细菌、放线菌、蓝细菌和各种除古菌以外的其他原核微生物；真核生物域包括真菌、原生生物、动物和植物。

（二）微生物的生物学特点

微生物个体微小，结构简单，具有与很多高等生物相同的基本生物学特性，同时还具有其他生物体不可比拟的一些特性。

1. 体积小，比表面积大

微生物的个体微小，常用微米或纳米作为个体大小的度量单位，但比表面积（表面积/体积）很大，单细胞、简单多细胞、非细胞的低等生物都有此特点。假设一个人的比表面积为1，那么一个鸡蛋的比表面积是1.5，一个乳酸杆菌的比表面积是120000，一个大肠杆菌的比表面积是300000。巨大的比表面积有利于微生物和周围环境进行物质、能量和信息交换，同时也意味着微生物有一个巨大的营养吸收、代谢废物排泄和环境信息接收面，微生物的其他很多属性都和这一特点密切相关，这也是微生物区别于一切大型生物的关键点。

2. 食谱广，吸收转化快

微生物获取营养的方式多种多样，其食谱之广是动植物无法相比的。纤维素、木质素、几丁质、角蛋白、石油、甲醇、甲烷、酚类以及其他许多有机物均可被微生物作为"食粮"。微生物对食物的吸收转化很快，例如乳酸菌1h可分解其体重1000～100000倍的乳糖，而人需要 $2.5×10^5$ h方可消耗自身体重1000倍的乳糖。这一特性为微生物高速生长繁殖和产生大量代谢产物提供了充分的物质基础，从而使微生物在自然界和人类活动中能更好地发挥"活的化工厂"的作用。

3. 生长旺，繁殖速度快

微生物能够以惊人的速度繁殖后代。一头500kg的食用公牛，24h仅可产生0.5kg蛋白质，而同样质量的酵母菌以质量较次的糖蜜和氨水为原料，24h就可以生产$5×10^4$kg优质蛋白质。广泛存在于人和动物肠道中的大肠杆菌，主要进行二分裂繁殖，在合适的条件下，每分裂一次的时间大约为20min，按每小时分裂3次算，一昼夜分裂72次，理论上其后代数超过$4.72×10^{21}$个，重约4722t，若将细菌平铺在地球表面，能将地球表面覆盖。

> **互动讨论**
>
> 大肠杆菌的繁殖速度如此快，会不会某天早上醒来，我们周围全部都是大肠杆菌？

微生物的这个特性在发酵工业上具有重要的实践意义，主要体现在生产效率高、发酵周期短，为生物学基本理论的研究提供了极大便利，使得科研周期大大缩短。但一些危害人、畜和植物等的病原微生物或使物品发霉的微生物的这个特性却会给人类带来极大的麻烦和祸害，需要认真对待，加以区别。

4. 种类多，分类广泛

微生物在自然界是一个十分庞大复杂的生物类群。迄今为止，被人类发现的微生物约有10万种，并且每年还在不断地发现和增加新的品种。据估计，微生物的总数在50万~600万种之间。随着分离、培养方法的改进和研究工作的进一步深入，将会有更多的微生物被发现。

微生物广泛分布在土壤、大气、水域以及其他生物体内，即使环境极端恶劣，其他很多生物不能生存的地方，比如高山、深海、冰川、沙漠、深层土壤等，都有微生物存在。我们实际上生活在一个充满微生物的环境中，每克土壤中含有几亿个细菌、几千万个放线菌孢子，人体肠道中的菌体总数约100万亿个，每克新鲜菜叶表面可附着100多万个微生物。从这个特性来看，微生物的资源极其丰富，在生产实践和生命科学研究中，微生物的应用前景是十分广阔的。

5. 适应性强，易发生变异

微生物个体微小，对外界环境敏感性强，抗逆性差，很容易受到外界环境的影响。为了适应多变的环境条件，微生物在长期的进化过程中产生了许多灵活的代谢调控机制，使其形成了极强的适应性，这是生物进化的结果。虽然微生物个体一般是单细胞、非细胞或简单多细胞，变异频率十分低（10^{-10}~10^{-5}），但由于数量多、繁殖快，也可以在短时间内产生大量变异后代。人们可以利用微生物易变异的特性进行菌种选育，获得优良菌种，提高产品质量。微生物的遗传稳定性差，给菌种保藏工作带来一定的不便，一般在满足生产需要的情况下，尽可能减少传代次数，并不断检测菌种的纯度和活力，一旦出现菌种的基因突变或退化现象，就需要对菌种进行复壮工作。

> **互动讨论**
>
> 试着解释细菌的抗药性是如何产生的。

（三）微生物与人类生活

微生物是地球上最早出现的生命有机体，生命存在的任何一个角落都有微生物的踪迹，其数量比任何动植物的数量都多，可能是地球上生物总量的最大组成部分。微生物与人类社会和文明的发展有着极为密切的关系。4000多年前我国劳动人民就会利用微生物酿酒，几千年来积累了极为丰富的酿酒理论与经验。古埃及人会制作面包和配制果酒。早在2000多年前，人们就用长在豆腐上的霉菌来治疗疮疖等疾病。1928年，英国科学家Fleming等发现了青霉素，从此揭开了微生物产生抗生素的奥秘，这对医药界来讲是一个划时代的发现。后来大量抗生素从放线菌等的代谢产物中提取出来。抗生素在第二次世界大战中挽救了无数人的生命。

微生物为人类生活带来了许多益处，覆盖工业、农业、环保、食品、医疗等众多领域。一些微生物被广泛应用于工业发酵，生产乙醇、食品及各种酶制剂等；一部分微生物能够降解塑料、处理废水废气等，并且可使资源再生的潜力极大；某些特殊微生物酶参与皮革脱毛、冶金、采油采矿等生产过程，甚至直接作为洗衣粉等的添加剂；某些微生物的代谢产物可以作为天然的微生物杀虫剂，广泛应用于农业生产。还有一些能在极端环境中生存的微生物，例如在高温、低温、高盐、高碱以及高辐射等普通生命体不能生存的环境中，依然存在着一部分微生物，研究它们的特殊生理途径可以为新酶的开发、产品的产量提高提供依据。通过对枯草芽孢杆菌的基因组进行研究，发现了一系列与抗生素及重要工业用酶产生相关的基因。乳酸杆菌作为一种重要的微生态调节剂参与食品发酵过程，对其进行的基因组学研究将有利于找到关键的功能基因，然后对菌株加以改造，使其更适于工业化的生产过程。通过对工业微生物开展基因组研究，不断发现新的特殊酶基因及重要代谢过程和代谢产物生成相关的功能基因，并将其应用于生产以及传统工业、工艺的改造，推动了现代生物技术的迅速发展。

微生物也是一把双刃剑，它在给人类带来巨大利益的同时也带来了危害，有时甚至是毁灭性的灾难。微生物可以通过使食物变质产生毒素，或者直接进入人体产生毒害作用。微生物对于人类生命健康的威胁，最明显的就是导致传染病的流行，在已知的人类疾病中约有50%是由病毒引起的。1347年的一场由鼠疫杆菌引起的瘟疫几乎摧毁了整个欧洲，有1/3的人死于这场灾难，在此后的80年间这种疾病一再肆虐，总体上欧洲人口减少了大约75%。新中国成立前，我国也经历了类似的灾难。微生物导致人类疾病的历史也是人类与之不断斗争的历史。在疾病的预防和治疗方面，人类取得了长足的进展，但是新现和再现的微生物感染还是不断发生，大量的病毒性疾病一直缺乏有效的治疗药物，一些疾病的致病机制并不清楚，大量的广谱抗生素的滥用造成了强大的选择压力，使许多菌株发生变异，导致耐药性的产生，人类健康受到新的威胁。一些分节段的病毒之间可以通过重组或重配发生变异，最典型的例子就是流行性感冒病毒。每次流感大流行，流感病毒都与前次导致感染的株型相比发生了变异，这种快速的变异给疫苗的设计和治疗造成了很大的障碍。目前还存在食源性疾病和食物中毒，由此引发的食品安全问题也是一个不断扩大的全球性重要公共卫生问题。

微生物与食物中毒

因此，人类要更好地认识各类微生物的特性，研究微生物及其生命活动规律，以便更好地开发微生物资源，利用微生物创造更多的财富，充分利用其对人类生活有利的方面，控制有害方面，使之更好地服务于人类生活。

二、食品微生物检验指标

（一）食品微生物检验指标及其卫生学意义

食品微生物检验是指应用微生物学的理论与方法，研究外界环境与食品中微生物的种类、数量、性质、活动规律、对人和动物健康的影响及其检验方法与指标的一门技术。包括生产环境（生产车间用水、空气、地面、墙壁、操作台等）的微生物检验，原辅料（食品原料、添加剂等）的微生物检验，食品加工、贮藏、销售等环节的检验及对成品、可疑食品和中毒食品的检验等。食品的生产与检验必须遵循相关的法律法规，不同类型的食品，其微生物标准要求不同。我国的食品安全标准中微生物指标一般分为菌落总数、大肠菌群、致病菌、霉菌和酵母等。

1. 菌落总数

菌落总数是指食品检样经过处理，在一定条件（如培养基、培养温度和培养时间等）下培养后，所得每 g（mL）检样中形成的微生物菌落总数。目前菌落总数检验依据的国家标准是 GB 4789.2—2022《食品安全国家标准　食品微生物学检验　菌落总数测定》。

检验食品中的菌落总数，可以了解食品的新鲜程度及在生产过程中受外界污染的情况、确定食品的保存期等。食品中菌落总数的多少直接反映着食品的卫生质量，但不能单凭菌落总数一项指标来评定食品卫生质量的优劣，必须配合大肠菌群和致病菌项目的检验，才能对食品作出比较全面的评价。

2. 大肠菌群

大肠菌群指在一定培养条件下能发酵乳糖、产酸产气的需氧和兼性厌氧革兰氏阴性无芽孢杆菌。目前大肠菌群检验依据的国家标准是 GB 4789.3—2016《食品安全国家标准　食品微生物学检验　大肠菌群计数》。

大肠菌群都是直接或间接来自人与温血动物的粪便，因此大肠菌群通常作为食品受到粪便污染的指示菌群。另外，肠道致病菌如沙门氏菌属和志贺氏菌属等对食品安全威胁很大，但经常检验有一定的困难，而食品中的大肠菌群与肠道致病菌来源相同，在外界环境中生存时间也一致，而且容易检出，所以大肠菌群可以作为肠道致病菌污染食品的指示菌。食用粪便污染食品往往是肠道传染病发生的主要原因，因此检查食品中有无肠道菌对控制肠道传染病的发生和流行具有十分重要的意义。

3. 致病菌

致病菌是常见的致病性微生物，能够引起人或动物疾病，主要包括金黄色葡萄球菌、沙门氏菌、副溶血性弧菌、单核细胞增生李斯特氏菌等。对于致病菌的检测标准，我国食品行业长期执行的是"不得检出"，但在某些食品中零致病菌几乎无法实现。目前致病菌检验依据的国家标准是 GB 29921—2021《食品安全国家标准　预包装食品中致病菌限量》，该标准提出了主要致病菌在各类不同食品中的限量要求，修改了之前"不得检出"的规定。

致病菌种类繁多，不同类型的食品感染致病菌的情况各不相同。例如禽、蛋、肉类食品需做沙门氏菌的检查；海产品需做副溶血性弧菌的检查；米面类食品需做蜡样芽孢杆菌、变形杆菌、霉菌等的检查；蛋与蛋制品需做伤寒沙门氏菌、金黄色葡萄球菌、变形杆菌等的检查；低温冷藏食品需做金黄色葡萄球菌和单核细胞增生李斯特氏菌的检查；酸度不高的罐头需做肉毒梭菌的检查。发生食物中毒时必须根据当时当地传染病的流行情况，对食品进行有关致病菌的检查，如沙门氏菌、志贺氏菌、变形杆菌、葡萄球菌等的检查。此外，有些致病菌能产生毒素，毒素的检查一般以动物实验法确定其最小致死量、半数致死量等指标。总之，病原微生物及其代谢产物的检查都属致病菌检验内容。

4. 霉菌和酵母

某些食品的腐败变质或质量缺陷是由霉菌和酵母引起的，因此这些食品需要进行霉菌和酵母的检验。目前霉菌和酵母检验依据的国家标准是 GB 4789.15—2016《食品安全国家标准　食品微生物学检验　霉菌和酵母计数》，以霉菌和酵母计数来表示食品被污染的程度。

霉菌和酵母生长缓慢，竞争力不强，常存在于含糖量和含盐量高、湿度和 pH 低的食品，以及低温贮藏和含有抗生素的食品中。霉菌和酵母的抗性较强，部分霉菌在生长过程中能够产生霉菌毒素，毒素的检验依据是 GB 4789.16—2016《食品安全国家标准　食品微生物学检验　常见产毒霉菌的形态学鉴定》。

5. 其他指标

微生物的检验指标还包括病毒如猪瘟病毒、口蹄疫病毒、鸡新城疫病毒、禽流感病毒等，抗生素如鲜乳中残留的抗生素，寄生虫如弓形虫、猪肉绦虫、蛔虫、肺吸虫等也能够影响食品的安全性，与人们的健康有直接关系。

（二）常用食品微生物检验国家标准

常用食品微生物检验国家标准如表 1-1 所示，在检验过程中应根据实际检验项目要求依据国家标准进行测定。

表1-1　常用食品微生物检验国家标准

序号	国标号	标准名称		
检验类				
1	GB 4789.1—2016	食品安全国家标准	食品微生物学检验	总则
2	GB/T 27405—2008	实验室质量控制规范	食品微生物检测	
3	GB 4789.2—2022	食品安全国家标准	食品微生物学检验	菌落总数测定
4	GB 4789.3—2016	食品安全国家标准	食品微生物学检验	大肠菌群计数
5	GB 4789.4—2016	食品安全国家标准	食品微生物学检验	沙门氏菌检验
6	GB 4789.5—2012	食品安全国家标准	食品微生物学检验	志贺氏菌检验
7	GB 4789.6—2016	食品安全国家标准	食品微生物学检验	致泻大肠埃希氏菌检验
8	GB 4789.7—2013	食品安全国家标准	食品微生物学检验	副溶血性弧菌检验
9	GB 4789.8—2016	食品安全国家标准	食品微生物学检验	小肠结肠炎耶尔森氏菌检验
10	GB 4789.9—2014	食品安全国家标准	食品微生物学检验	空肠弯曲菌检验
11	GB 4789.10—2016	食品安全国家标准	食品微生物学检验	金黄色葡萄球菌检验
12	GB 4789.11—2014	食品安全国家标准	食品微生物学检验	β 型溶血性链球菌检验

续表

序号	国标号	标准名称
13	GB 4789.12—2016	食品安全国家标准 食品微生物学检验 肉毒梭菌及肉毒毒素检验
14	GB 4789.13—2012	食品安全国家标准 食品微生物学检验 产气荚膜梭菌检验
15	GB 4789.14—2014	食品安全国家标准 食品微生物学检验 蜡样芽孢杆菌检验
16	GB 4789.15—2016	食品安全国家标准 食品微生物学检验 霉菌和酵母计数
17	GB 4789.16—2016	食品安全国家标准 食品微生物学检验 常见产毒霉菌的形态学鉴定
18	GB 4789.26—2013	食品安全国家标准 食品微生物学检验 商业无菌检验
19	GB/T 4789.27—2008	食品卫生微生物学检验 鲜乳中抗生素残留检验
20	GB 4789.28—2013	食品安全国家标准 食品微生物学检验 培养基和试剂的质量要求
21	GB 4789.29—2020	食品安全国家标准 食品微生物学检验 唐菖蒲伯克霍尔德氏菌（椰毒假单胞菌酵米面亚种）检验
22	GB 4789.30—2016	食品安全国家标准 食品微生物学检验 单核细胞增生李斯特氏菌检验
23	GB 4789.34—2016	食品安全国家标准 食品微生物学检验 双歧杆菌检验
24	GB 4789.35—2016	食品安全国家标准 食品微生物学检验 乳酸菌检验
25	GB 4789.38—2012	食品安全国家标准 食品微生物学检验 大肠埃希氏菌计数
产品类		
26	GB/T 5750.12—2023	生活饮用水标准检验方法 第12部分：微生物指标
27	GB/T 4789.17—2003	食品卫生微生物学检验 肉与肉制品检验
28	GB 4789.18—2010	食品安全国家标准 食品微生物学检验 乳与乳制品检验
29	GB/T 4789.19—2003	食品卫生微生物学检验 蛋与蛋制品检验
30	GB/T 4789.20—2003	食品卫生微生物学检验 水产食品检验
31	GB/T 4789.21—2003	食品卫生微生物学检验 冷冻饮品、饮料检验
32	GB/T 4789.22—2003	食品卫生微生物学检验 调味品检验
33	GB/T 4789.23—2003	食品卫生微生物学检验 冷食菜、豆制品检验
34	GB/T 4789.24—2003	食品卫生微生物学检验 糖果、糕点、蜜饯检验
35	GB/T 4789.25—2003	食品卫生微生物检验 酒类检验

（三）常见食品的微生物限量标准

1. 预包装食品中致病菌限量（GB 29921—2021）

预包装食品是指预先定量包装或者制作在包装材料和容器中的食品，包括预先定量包装以及预先定量制作在包装材质和容器中并且在一定限量范围内具有统一的质量或体积标识的食品。预包装食品的致病菌限量要求应符合表1-2的规定，食品无论是否规定致病菌限量，食品生产、加工、经营者均应采取控制措施，尽可能降低食品中的致病菌含量及导致风险的可能性。

表1-2 预包装食品中致病菌限量标准

食品类别	致病菌指标	采样方案及限量（若非指定，均以/25g 或 /25mL 表示）				备注
		n	c	m	M	
乳制品	沙门氏菌	5	0	0	—	—
	金黄色葡萄球菌	5	0	0	—	仅适用于巴氏杀菌乳、调制乳、发酵乳、加糖炼乳（甜炼乳）、调制加糖炼乳
		5	2	100CFU/g	1000CFU/g	仅适用于干酪、再制干酪和干酪制品
		5	2	10CFU/g	100CFU/g	仅适用于乳粉和调制乳粉
	单核细胞增生李斯特氏菌	5	0	0	—	仅适用于干酪、再制干酪和干酪制品
肉制品	沙门氏菌	5	0	0	—	
	单核细胞增生李斯特氏菌	5	0	0	—	
	金黄色葡萄球菌	5	1	100CFU/g	1000CFU/g	
	致泻大肠埃希氏菌	5	0	0	—	仅适用于牛肉制品、即食生肉制品、发酵肉制品类
水产制品	沙门氏菌	5	0	0	—	—
	副溶血性弧菌	5	1	100MPN/g	1000MPN/g	仅适用于即食生制动物性水产制品
	单核细胞增生李斯特氏菌	5	0	100CFU/g	—	
即食蛋制品	沙门氏菌	5	0	0	—	—
粮食制品	沙门氏菌	5	0	0	—	
	金黄色葡萄球菌	5	1	100CFU/g	1000CFU/g	
即食豆制品	沙门氏菌	5	0	0	—	
	金黄色葡萄球菌	5	1	100CFU/g（mL）	1000CFU/g（mL）	
巧克力类及可可制品	沙门氏菌	5	0	0	—	
即食果蔬制品	沙门氏菌	5	0	0	—	—
	金黄色葡萄球菌	5	1	100CFU/g（mL）	1000CFU/g（mL）	
	单核细胞增生李斯特氏菌	5	0	0	—	仅适用于去皮或预切的水果、去皮或预切的蔬菜及上述类别混合食品
	致泻大肠埃希氏菌	5	0	0	—	
饮料	沙门氏菌	5	0	0	—	—
冷冻饮品	沙门氏菌	5	0	0	—	—
	金黄色葡萄球菌	5	1	100CFU/g（mL）	1000CFU/g（mL）	
	单核细胞增生李斯特氏菌	5	0	0	—	

续表

食品类别	致病菌指标	采样方案及限量（若非指定，均以 /25g 或 /25mL 表示）				备注
		n	c	m	M	
即食调味品	沙门氏菌	5	0	0	—	—
	金黄色葡萄球菌	5	2	10CFU/g（mL）	100CFU/g（mL）	
	副溶血性弧菌	5	1	100MPN/g（mL）	1000MPN/g（mL）	仅适用于水产调味品
坚果与籽类食品	沙门氏菌	5	0	0	—	—
特殊膳食用食品	沙门氏菌	5	0	0	—	—
	金黄色葡萄球菌	5	2	10CFU/g（mL）	100CFU/g（mL）	—
	克洛诺杆菌属（阪崎肠杆菌）	3	0	0/100g	—	仅适用于婴儿（0~6月龄）配方食品，特殊医学用途婴儿配方食品

注：1. 表中"m=0/25g 或 0/25mL 或 0/100g"代表"不得检出每25g或25mL或每100g"。
2. n 为同一批次产品应采集的样品件数，c 为最大可允许超出 m 值的样品数，m 为致病菌指标可接受水平限量值（三级采样方案）或最高安全限量值（二级采样方案），M 为致病菌指标的最高安全限量值。

> 💡 **互动讨论**
>
> 查一查你喜欢的一种食物的微生物限量要求是什么。

2. 饮用天然矿泉水微生物限量要求（GB 8537—2018）

饮用天然矿泉水是指从地下深处自然涌出的或经钻井采集的，含有一定量的矿物质、微量元素或其他成分，在一定区域未受污染并采取预防措施避免污染的水；在通常情况下，其化学成分、流量、水温等动态指标在天然周期波动范围内相对稳定。包括含气天然矿泉水、充气天然矿泉水、无气天然矿泉水和脱气天然矿泉水。饮用天然矿泉水的微生物限量要求应符合表1-3的规定。

表1-3 饮用天然矿泉水微生物限量

项目	采样方案[①]及限量		
	n	c	m
大肠菌群/（MPN/100mL）[②]	5	0	0
粪链球菌/（CFU/250mL）	5	0	0
铜绿假单胞菌/（CFU/250mL）	5	0	0
产气荚膜梭菌/（CFU/50mL）	5	0	0

① 样品的采样及分析处理按 GB 4789.1 执行。
② 采用滤膜法时，则大肠菌群项目的单位为 CFU/100mL。

3. 生活饮用水微生物限量要求（GB 5749—2022）

生活饮用水主要是指供人类生活使用的饮水和用水。生活饮用水应感官性状良好，经消毒处理，不应含有病原微生物，含有的化学物质和放射性物质不应危害人体健康，其微生物指标应符合表1-4的规定。

表1-4　生活饮用水微生物限量

项目	限量
总大肠菌群/（MPN/100mL 或 CFU/100mL）[①]	不应检出
大肠埃希氏菌（MPN/100mL 或 CFU/100mL）[①]	不应检出
菌落总数（MPN/mL 或 CFU/mL）[②]	100

[①] MPN 表示最可能数；CFU 表示菌落形成单位。当水样检出总大肠菌群时，应进一步检验大肠埃希氏菌；当水样未检出总大肠菌群时，不必检验大肠埃希氏菌。
[②] 小型集中式供水和分散式供水因水源与净水技术受限时，菌落总数指标限值按 500MPN/mL 或 500CFU/mL 执行。

4. 熟肉制品微生物限量标准（GB 2726—2016）

熟肉制品指以鲜（冻）畜、禽产品为主要原料加工制成的产品，包括酱卤肉制品类、熏肉类、烧肉类、烤肉类、油炸肉类、西式火腿类、肉灌肠类、发酵肉制品类、熟肉干制品和其他熟肉制品。致病菌限量应符合 GB 29921 的规定，微生物限量应符合表1-5的规定。

表1-5　熟肉制品微生物限量

项目	采样方案[①]及限量			
	n	c	m	M
菌落总数[②]/（CFU/g）	5	2	10^4	10^5
大肠菌群/（CFU/g）	5	2	10	10^2

[①] 样品的采样和处理按 GB 4789.1 执行。
[②] 发酵肉制品类除外。

5. 蛋与蛋制品微生物限量要求（GB 2749—2015）

鲜蛋是指由各种家禽生产的、未经加工或仅用冷藏法、液浸法、涂膜法、消毒法、气调法、干藏法等贮藏方法处理的带壳蛋。蛋制品包括液蛋制品、干蛋制品、冰蛋制品及再制蛋。蛋与蛋制品的微生物限量要求应符合表1-6的规定。

表1-6　蛋与蛋制品微生物限量

项目		采样方案[①]及限量			
		n	c	m	M
菌落总数[②]/（CFU/g）	液蛋制品、干蛋制品、冰蛋制品	5	2	$5×10^4$	10^6
	再制蛋（不含糟蛋）	5	2	10^4	10^5
大肠菌群[②]/（CFU/g）		5	2	10	10^2

[①] 样品的采样及处理按 GB/T 4789.19 执行。
[②] 不适用于鲜蛋和非即食的再制蛋制品。

6. 生乳微生物限量要求（GB 19301—2010）

生乳指从符合国家有关要求的健康奶畜乳房中挤出的无任何成分改变的常乳。产犊后七天的初乳、应用抗生素期间和休药期间的乳汁、变质乳不应用作生乳。生乳的微生物限量要求应符合表 1-7 的规定。

表1-7　生乳微生物限量

项目	限量 /（CFU/g 或 CFU/mL）
菌落总数≤	2×10^6

7. 巴氏杀菌乳的微生物限量要求（GB 19645—2010）

巴氏杀菌乳是指仅以生牛（羊）乳为原料，经巴氏杀菌等工序制得的液体产品，其微生物限量要求应符合表 1-8 的规定。

表1-8　巴氏杀菌乳微生物限量

项目	采样方案[①]及限量（若非指定，均以 CFU/g 或 CFU/mL 表示）			
	n	c	m	M
菌落总数	5	2	50000	100000
大肠菌群	5	2	1	5
金黄色葡萄球菌	5	0	0/25g（mL）	—
沙门氏菌	5	0	0/25g（mL）	—

①样品的分析及处理按 GB 4789.1 和 GB 4789.18 执行。

8. 发酵乳微生物限量要求（GB 19302—2010）

发酵乳是指以生牛（羊）乳或乳粉为原料，经杀菌、发酵后制成的 pH 值降低的产品，包括酸乳、风味发酵乳和风味酸乳，其微生物限量要求应符合表 1-9 的规定。

表1-9　发酵乳微生物限量

项目	采样方案[①]及限量（若非指定，均以 CFU/g 或 CFU/mL 表示）			
	n	c	m	M
大肠菌群	5	2	1	5
金黄色葡萄球菌	5	0	0/25g（mL）	—
沙门氏菌	5	0	0/25g（mL）	—
酵母≤	100			
霉菌≤	30			

①样品的分析及处理按 GB 4789.1 和 GB 4789.18 执行。

9. 调制乳微生物限量要求（GB 25191—2010）

调制乳是指以不低于 80% 的生牛（羊）乳或复原乳为主要原料，添加其他原料或食品添加剂或营养强化剂，采用适当的杀菌或灭菌等工艺制成的液体产品，其微生物限量要求应符合表 1-10 的规定。

表1-10 调制乳微生物限量

项目	采样方案①及限量（若非指定，均以 CFU/g 或 CFU/mL 表示）			
	n	c	m	M
菌落总数	5	2	50000	100000
大肠菌群	5	2	1	5
金黄色葡萄球菌	5	0	0/25g（mL）	—
沙门氏菌	5	0	0/25g（mL）	—

①样品的分析及处理按 GB 4789.1 和 GB 4789.18 执行。

10. 乳粉的微生物限量要求（GB 19644—2010）

乳粉是指以生牛（羊）乳为原料，经加工制成的粉状产品。调制乳粉是指以生牛（羊）乳或其加工制品为主要原料，添加其他原料，添加或不添加食品添加剂和营养强化剂，经加工制成的乳固体含量不低于 70% 的粉状产品。乳粉的微生物限量要求应符合表 1-11 的规定。

表1-11 乳粉微生物限量

项目	采样方案①及限量（若非指定，均以 CFU/g 表示）			
	n	c	m	M
菌落总数②	5	2	50000	200000
大肠菌群	5	1	10	100
金黄色葡萄球菌	5	2	10	100
沙门氏菌	5	0	0/25g	—

①样品的分析及处理按 GB 4789.1 和 GB 4789.18 执行。
②不适用于添加活性菌种（好氧和兼性厌氧益生菌）的产品。

11. 豆制品微生物限量要求（GB 2712—2014）

豆制品指以大豆或杂豆为主要原料，经加工制成的食品，包括发酵豆制品、非发酵豆制品和大豆蛋白类制品，其致病菌限量应符合 GB 29921 的规定，微生物限量要求应符合表 1-12 的规定。

表1-12 豆制品微生物限量

项目	采样方案①及限量（若非指定，均以 CFU/g 表示）			
	n	c	m	M
大肠菌群/（CFU/g 或 CFU/mL）	5	2	100	1000

①样品的分析处理按 GB 4789.1 执行。

12. 糕点、面包微生物限量要求（GB 7099—2015）

糕点是以谷类、豆类、薯类、油脂、糖、蛋等的一种或几种为主要原料，添加或不添加其他原料，经调制、成型、熟制等工序制成的食品，以及熟制前或熟制后在产品表面或熟制后内部添加奶油、蛋白、可可、果酱等的食品。面包是以小麦粉、酵母、水等为主要原料，添加或不添加其他原料，经搅拌、发酵、整形、醒发、熟制等工艺制成的食品，以及熟制前或熟制后在产品表面或内部添加奶油、蛋白、可可、果酱等的食品。

糕点和面包的致病菌限量应符合 GB 29921 的规定，微生物限量要求应符合表 1-13 的规定。

表1-13 糕点、面包微生物限量

项目	采样方案[①]及限量			
	n	c	m	M
菌落总数[②]/（CFU/g）	5	2	10^4	10^5
大肠菌群[②]/（CFU/g）	5	2	10	10^2
霉菌[③]/（CFU/g）	≤ 150			

①样品的采集及处理按 GB 4789.1 执行。
②菌落总数和大肠菌群的要求不适用于现制现售的产品，以及含有未熟制的发酵配料或新鲜水果蔬菜的产品。
③不适用于添加了霉菌的成熟干酪产品。

13. 速冻面米与调制食品微生物限量要求（GB 19295—2021）

速冻面米食品是以小麦、大米、玉米、杂粮等一种或多种谷物及其制品为原料，或同时配以馅料/辅料，经加工、成型等，速冻而成的食品。速冻调制食品是以谷物、豆类、薯类、畜禽肉、蛋类、生乳、水产品、果蔬、食用菌等一种或多种为原料，或同时配以馅料/辅料，经调制、加工、成型等，速冻而成的食品。致病菌限量应符合 GB 29921 中相应类属食品的规定，即食生制品和即食熟制品的微生物限量要求还应符合表 1-14 的规定。

表1-14 速冻面米与调制食品微生物限量

项目	采样方案[①]及限量			
	n	c	m	M
菌落总数/（CFU/g）	5	1	10^4	10^5
大肠菌群/（CFU/g）	5	2	10	10^2

①样品的采集及处理按 GB 4789.1 执行。

14. 动物性水产制品微生物限量要求（GB 10136—2015）

动物性水产制品是以鲜、冻动物性水产品为主要原料，添加或不添加辅料，经相应工艺加工制成的水产制品，包括即食动物性水产制品、预制动物性水产制品以及其他动物性水产制品，不包括动物性水产罐头制品。熟制动物性水产制品和即食生制动物性水产制品的致病菌限量应分别符合 GB 29921 中熟制水产品和即食生制水产品的规定。即食生制动物性水产制品的微生物限量还应符合表 1-15 的规定。

表1-15 即食生制动物性水产制品微生物限量

项目	采样方案[①]及限量			
	n	c	m	M
菌落总数/（CFU/g）	5	2	$5×10^4$	10^5
大肠菌群/（CFU/g）	5	2	10	10^2

①样品的采集及处理按 GB 4789.1 执行。

15. 发酵酒及其配制酒的微生物限量要求（GB 2758—2012）

发酵酒是指以粮谷、水果、乳类等为主要原料，经发酵或部分发酵酿制而成的饮料酒。发酵酒的配制酒是指以发酵酒为酒基，加入可食用的辅料或食品添加剂，进行调配、混合或加工制成的，已改变了其原酒基风格的饮料酒。发酵酒及其配制酒的微生物限量要求应符合表1-16的规定。

表1-16　发酵酒及其配制酒微生物限量

项目	采样方案[①]及限量		
	n	c	m
沙门氏菌	5	0	0/25mL
金黄色葡萄球菌	5	0	0/25mL

①样品的分析及处理按 GB 4789.1 执行。

16. 饮料微生物限量要求（GB 7101—2022）

饮料指用一种或几种食用原料，添加或不添加辅料、食品添加剂、食品营养强化剂，经加工制成定量包装的、供直接饮用的或冲调饮用、乙醇含量不超过质量分数 0.5% 的制品，如碳酸饮料、果蔬汁类及其饮料、蛋白饮料、固体饮料等。饮料的微生物限量要求应符合表 1-17 的规定。

表1-17　饮料微生物限量

项目	采样方案[①]及限量			
	n	c	m	M
菌落总数[②]/（CFU/g 或 CFU/mL）	5	2	10^2（10^4）	10^4（5×10^4）
大肠菌群[③]/（CFU/g 或 CFU/mL）	5	2	1（10）	10（10^2）
霉菌/（CFU/g 或 CFU/mL）≤	20（50）			
酵母[④]/（CFU/g 或 CFU/mL）≤	20			

①样品的采集及处理按 GB 4789.1 和 GB/T 4789.12（或被代替的新标准）执行。
②不适用于添加了需氧和兼性厌氧菌种的活菌（未杀菌）型饮料。
③饮料浓浆按照括号中的限值执行。
④不适用于固体饮料。
注：括号中的限值适用于固体饮料。

知识拓展

12万年后苏醒的微生物

2009年，美国宾夕法尼亚州立大学的研究人员经过一年多的努力，成功使一种沉睡了12万年的细菌苏醒了过来。这种寿命极长的细菌是在格陵兰岛一座冰川下近3000米处发现的，科学家们将其命名为 *Herminiimonas glaciei*，属于罕见的生活在极端环境中的"超微"细菌家族，体积为大肠杆菌的 1/10～1/50。

为了诱使这种细菌重新苏醒过来，研究人员在2℃的环境下，对这种细菌样本进行了7

个月的培养，随后又在5℃的环境下培养了4个多月。结果，这种原本紫褐色的细菌菌落便有了活力，而且十分健康。现在，在实验室里让这种细菌恢复原状并生长已经是可行的了。

科学家们猜测，这种细菌之所以有如此强大的生命力，要部分归功于其体积很小，但比表面积很大，这使其能够更有效地吸收营养。由于格陵兰冰川极冷的环境可最大限度模拟出外星球可能存在的生存环境，那里的超低温度甚至能让细胞和核酸保存数百万年。因此，对此类微生物进行研究，或许能让人们了解在太阳系其他星球可能存活的生命形式。

 工作任务

任务一　食品微生物检验岗位认知

【任务概述】

某市场监督管理局拟对市场上流行的冷冻饮品进行质量抽查，主要检测其微生物指标是否超标。检查微生物指标是保证食品质量的重要因素，是由食品微生物检验员进行测定的。请了解食品微生物检验岗位并分析其岗位职责和任职要求。

【任务要求】

① 了解食品微生物检验岗位职责和要求。
② 能够识别食品微生物检验岗位工作内容。
③ 培养职业意识。

【任务实施】

一、任务分析

食品微生物检验岗位认知需要明确以下问题：
① 什么是食品微生物检验岗？哪些企业或机构需要设置此岗位？
② 食品微生物检验岗位主要职责是什么？
③ 食品微生物检验岗位任职要求有哪些？

二、任务准备

微生物相关参考书籍、笔记本电脑或平板电脑、笔记本、笔等。

三、实施步骤

1. 查阅资料

① 与食品微生物检验岗位相关的招聘信息。
② 食品微生物检验岗位职责。

2. 小组讨论

① 根据查阅的资料，分析哪些企业或机构中设置了食品微生物检验岗位。
② 讨论不同类型企业或机构中食品微生物检验岗位的职责内容和任职要求有何区别。
③ 每组推荐一名学生汇报，其他学生补充。

3. 分析总结

教师和学生一起分析、梳理食品微生物检验岗位的职责内容和任职要求，总结食品微生物检验岗位需要重点培养的能力和提升的素养。

【实施报告】

将查询结果填入下表中。

食品微生物检验岗位认知报告

岗位名称	企业类型	岗位职责	任职要求	备注

食品微生物检验岗位所需能力：

填表人：　　　　　　　　日期：

【巩固提升】

① 食品微生物检验需要哪些能力？
② 肉制品生产企业中酱卤肉制品的微生物检验岗位职责是什么？

【任务评价】

食品微生物检验岗位认知评价表

项目	评分标准	得分
资料查询	会查询资料，能够对资料进行分析处理（5分）	
讨论汇报	仪表大方、谈吐自如、条理分明（5分）	
	声音清晰、言简意赅、突出重点（10分）	
	岗位查询准确，职责归纳条理清晰（20分）	
	岗位能力总结合理（15分）	
	认真、细致、富有团队协作精神（10分）	
查询报告	报告填写认真、字迹清晰（10分）	
	各报告项目填写准确（15分）	
素质养成	资料查询及综合处理能力，小组合作分析总结能力（10分）	
备注		
总得分		

模块一　食品微生物检验入职培训

任务二　食品微生物检验指标查询

【任务概述】

现有某公司送检的黄桃酸奶,作为质检人员,确定黄桃酸奶需要检验的微生物指标及限量要求。

【任务要求】

① 熟悉食品微生物检验指标。
② 能够熟练查询国标,根据检验目标有效筛选检验指标。
③ 培养标准意识。

【任务实施】

一、任务分析

确定黄桃酸奶需要检验的微生物指标及限量要求,需要明确以下问题:
① 黄桃酸奶属于哪个食品类别?
② 该类别食品质量要求中微生物检验指标有哪些?
③ 国标中规定的微生物指标限量要求是什么?

二、任务准备

微生物相关参考书籍、笔记本电脑或平板电脑、笔记本、笔等。

三、实施步骤

1. 查阅资料

① 与黄桃酸奶相关的国标。
② 微生物指标限量要求相关的国标。

2. 小组讨论

① 根据查阅的资料,分析并总结黄桃酸奶执行的质量标准中微生物指标检验项目。
② 每个微生物检验项目的限量要求。
③ 每组推荐一名学生汇报,其他学生补充。

3. 分析总结

教师和学生一起分析、梳理黄桃酸奶需要检验的微生物指标及限量要求,总结微生物检验国标查询要点。

【实施报告】

将查询结果填入下表中。

黄桃酸奶微生物检验项目查询报告

样品名称		样品类别	
生产日期		接收人	
送检单位		接收日期	
质量标准执行国标			
微生物检验项目1		微生物检验项目2	

续表

国标要求		国标要求	
检验方法		检验方法	
微生物检验项目3		微生物检验项目4	
国标要求		国标要求	
检验方法		检验方法	
微生物检验项目5		微生物检验项目6	
国标要求		国标要求	
检验方法		检验方法	
微生物检验项目7		微生物检验项目8	
国标要求		国标要求	
检验方法		检验方法	
备注			

检验员：　　　　　　　　　　　　　　　日期：
复核人：　　　　　　　　　　　　　　　日期：

【巩固提升】

① 食品微生物检验指标有哪些？其卫生学意义是什么？
② 常见的食品致病菌有哪些？容易造成哪些食品污染？
③ 查询肉松小贝应检验哪些微生物指标，其限量要求是什么？

【任务评价】

黄桃酸奶微生物检验项目查询评价表

项目	评分标准	得分
讨论汇报	仪表大方、谈吐自如、条理分明（5分）	
	声音清晰、言简意赅、突出重点（5分）	
	产品分类准确，国标查询正确（20分）	
	微生物检验指标筛选准确（25分）	
	认真、细致、富有团队协作精神（10分）	
查询报告	报告填写认真、字迹清晰（10分）	
	各检验项目填写准确（15分）	
素质养成	资料查询及综合处理能力，小组合作分析总结能力（10分）	
备注		
总得分		

项目二

食品微生物检验实验室

案例引导

2010年5月，法国一名24岁的技术人员在朊病毒研究实验室处理转基因小鼠大脑的冰冻切片时，处理样品的镊子尖端刺穿双层乳胶手套后刺伤了拇指，刺伤部位有出血。2017年11月，她的右肩和颈部开始出现灼痛，半年后疼痛加剧并蔓延到身体的右半部分；2019年1月，她变得抑郁和焦虑，并出现记忆障碍和幻视；最后，该技术人员在症状出现19个月后死亡。此事件的传染源是沾染朊病毒的镊子，传播途径是镊子意外刺伤拇指而传播。

思考：①食品微生物检验实验室有哪些要求？
②检验常用的器皿有哪些？
③发生意外情况如何进行急救？

知识脉络

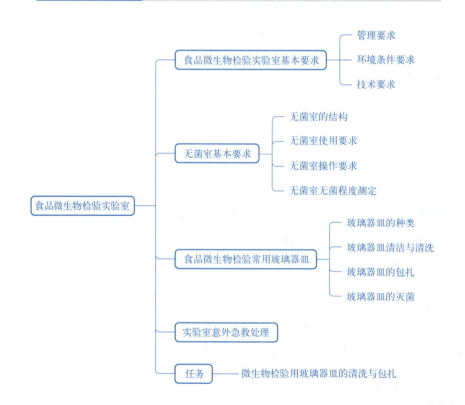

知识：①了解食品微生物检验实验室常规检验设备和用品配备情况。
②掌握微生物检验设备操作方法和器皿使用要点。
技能：①能够正确使用食品微生物检验实验室，并做到科学规范管理。
②能够熟练使用微生物检验设备和器皿。
③能正确处理实验室常遇到的安全问题。
素养：①严格规范操作，增强标准意识。
②培养无菌意识，增强食品安全意识。

知识准备

一、食品微生物检验实验室基本要求

食品微生物检验是指按照一定的检验程序和质量控制措施，确定单位样品中某种或某类微生物的数量或存在状况。由于微生物特殊的生物学特性，其检测必须在特定的食品微生物检验实验室内进行。食品微生物检验实验室应具备合理的规划建设、完善的组织与管理、科学的配套环境设施、优秀的检验人员、良好的检验器具和耗材、适宜的检验方法、完备的仪器设备及合格的检验质量。实验室水平的高低关系到食品微生物的检测质量，关系到食品安全，甚至关系到个人安全、社区安全和经济贸易。

（一）管理要求

食品微生物检验实验室应根据国际通用标准规范，结合食品检验的实际情况，严格按照质量控制规范，进行科学化、规范化地管理，提高实验室的整体质量管理水平，为食品安全检验提供技术保证。

食品微生物检验实验室或其所在组织应具有明确的法律地位。应避免涉及任何可能会降低其在能力、公正性、判断力或诚实性方面可信度的活动，不应因经济或政治因素而影响检测结果。检测结果应具有一定的权威性。食品微生物检验实验室全体人员应履行对良好职业行为、检验工作质量的承诺。

食品微生物检验实验室检验人员有义务完成职责范围内的食品微生物检测工作，如检出客户要求以外的食源性致病微生物，应将结果报告客户，必要时通知相关部门。实验室管理人员负责对实验室质量管理体系及全部的食品微生物检验活动进行监督和评审,技术管理者负责全面的技术工作和所需资源供应,以保证检验实验室工作质量。

食品微生物检验实验室应建立并实施一套对质量及技术记录进行识别、收集、提索引、访问、存放、维护以及安全处置的程序。所有记录均应清晰明确,便于检索,并由专人负责,应有程序保护和备份以电子形式存储的记录,以防止未经授权的侵入和修改。

(二)环境条件要求

① 实验室要保持清洁卫生,每天进行清扫整理,桌柜等表面应每天用消毒液擦拭,保持无尘,杜绝污染。实验室环境不应影响检验结果的准确性。

② 实验室应井然有序,实验区域应与办公区域明显分开。不得存放实验室外及个人物品、仪器等,实验室用品要摆放合理且有固定位置。

③ 实验室布局要合理,一般应有准备间和无菌室,无菌室应有良好的通风条件,如安装空调设备及过滤设备,无菌室内空气测试应基本达到无菌。

④ 实验室工作面积和总体布局应能满足从事检验工作的需要,实验室布局宜采用单方向工作流程,避免交叉污染。

⑤ 实验室内环境的温度、湿度、洁净度及照度、噪声等应符合工作要求。

⑥ 实验室工作台面应保持水平和无渗漏,墙壁和地面应当光滑和容易清洗。

⑦ 食品样品检验应在洁净区域进行,洁净区域应有明显标识。

⑧ 病原微生物分离鉴定工作应在二级或以上生物安全实验室内进行。

> **互动讨论**
>
> 微生物检验实验室和理化检验实验室有何区别?

(三)技术要求

1. 检验人员要求

① 检验人员应具有一定的微生物学或相近专业的知识,具备相应资质,具备接受检验工作所必需的设备操作、微生物检验技能(如倒平板、菌落计数、无菌操作等),能够理解并正确实施检验。

② 检验人员应掌握实验室生物安全操作和消毒知识。进入检验室必须穿工作服,进入无菌室换无菌衣、帽、鞋,戴好口罩,在检验过程中保持个人整洁与卫生,防止人为污染样品。

③ 检验人员应在检验过程中遵守相关安全操作的规定,确保自身安全。非检验人员不得进入检验室,严格执行安全操作规程。

④ 有颜色视觉障碍的人员不能从事涉及辨色的实验。

⑤ 检验实验室管理者应授权专门人员进行特殊类型的抽样、检测、发布检测报告、提出意见和解释以及操纵特殊类型的设备。授权的报告签发人应具有相关的工作经验和专业知识,包括有关法规和技术要求等方面的知识。

⑥ 检验人员要定期检查试剂有无明晰标签,定期检查、保养、检修仪器,切不可在冰箱内存放和加工私人食品。对各种器材应建立领取消耗记录,贵重仪器要有使用记录,对破损遗失的器材应填写报告记录;药品、器材、菌种不经批准不得擅自外借和转让,更不得私自拿出,应严格执行菌种保管相关的制度。

⑦ 检验人员不能在检验室内吸烟、进餐、会客、喧哗，离开检验室前认真检查水、电、暖气、门窗，对于有毒、有害、易燃、有污染性和腐蚀性的物品和废弃物品应按有关要求进行处理。

2. 设施要求

① 食品微生物实验室的选址应考虑周围环境的影响。微生物实验室应选择建在水电齐全、环境洁净、空气清新的地方，尽量避免与饲料仓库及排放"三废"的工厂相邻。尤其是夏季，更应注意实验室周围的环境卫生。

A. 一级食品微生物实验室无特殊选址要求，普通建筑物即可，但应有防止昆虫和啮齿动物进入的设计。

B. 二级食品微生物实验室可用普通建筑物，但应自成一区，宜设在建筑物的一端或一侧，可与建筑物其他部分相通，但应安装自动关闭门，新建实验室应远离公共场所。

C. 三级食品微生物实验室可共用普通建筑物，但应自成一区，宜设在建筑物的一端或一侧，与建筑物其他部分不相通，新建实验室应远离公共场所，主实验室与外部建筑物的距离应不小于外部建筑物高度的1.2倍。

D. 四级食品微生物实验室应建在独立建筑物的完全隔离区域内，该建筑物应远离公共场所和居住建筑，其间应设植物隔离带，主实验室与外部建筑物的距离应不小于外部建筑物高度的1.5倍。

② 微生物实验室的设计要求和地址选择应尽量满足微生物生长、发育的需要，能达到实施菌种分离和扩大培养的无菌操作规程要求，使接种的菌种能有一个洁净、恒温和空气清新的培养环境，以提高微生物的成活率和纯培养质量。

③ 食品微生物检验实验室应具有进行微生物检测所需的设施条件，配有检测设施及辅助设施（大门、走廊、管理样品室、洗手间、储存室等）。某些检测设备可能需要特殊的环境条件。

④ 检验实验室负责人应制定科学合理的环境监测程序（使用诸如空气采样器、沉降平板、接触盘或棉拭子等方法监测空气和表面微生物污染）。应保证工作区洁净无尘，空间应与微生物检测需要及检验室内部整体布局相称。通过自然条件、换气装置或空调，保持良好的通风和适当的温度。应根据不同工作类别检查、维护和更换合适的空调过滤设备。

⑤ 依据所检测微生物的不同等级，检验实验室应对授权进入的人员采取严格限制措施，根据具体检测活动（如检测种类和数量等），有效分隔不相容的业务活动。应采取措施将交叉污染的风险降低到最小。检验实验室的设计应能将意外伤害和职业病的风险降到最低，并能保证所有工作人员和来访者免受某些已知危险的伤害。应准备足够数量的洗手设施和急救材料。配有独立的洗手池，且非手动控制的效果更好，最好在实验室门附近，并有发生泄漏时的处理程序。

⑥ 微生物检验实验室地面为环氧树脂材料，具有无缝隙、耐腐蚀、平整、容易清洗的特征。地面地脚线用阴角铝材装饰，美观且严密性好。整个实验室通过科学设计，精心施工，具有坚固、无缝、平滑、美观、不反光、不积尘、不生锈、防潮、抗菌、性能优良的无菌表面和内核。

3. 实验设备要求

① 实验设备应满足检验工作的需要，常用设备见表1-18。

表1-18　微生物实验室常规检验设备

类别	设备名称
称量设备	天平等
消毒灭菌设备	干烤/干燥设备，高压灭菌、过滤除菌、紫外照射等装置
培养基制备设备	pH计等
样品处理设备	均质器（剪切式或拍打式均质器）、离心机等
培养设备	恒温培养箱、恒温水浴箱等装置
稀释设备	移液器等
镜检计数设备	显微镜、放大镜、游标卡尺等
冷藏冷冻设备	冰箱、冷冻柜等
生物安全设备	生物安全柜
其他设备	其他需要的设备

② 实验设备应放置于适宜的环境条件下，仪器安放合理，贵重仪器有专人保管，建立仪器档案，并备有操作方法、保养、维修、说明书及使用登记本，做到经常维护、保养和检查。精密仪器不得随意移动，若有损坏需要修理时，不得私自拆动，应写出报告并通知管理人员，经科室负责人同意后填报修理申请，送仪器维修部门。

③ 设备应达到规定的性能参数，并符合相关检测指标。若发现设备故障，应立即停止使用，必要时检查对以前结果的影响。应根据使用频率在特定时间间隔内进行维护和性能验证，并保存相关记录，以确保其处于良好工作状态。

④ 各种仪器（冰箱、恒温箱除外）使用完毕后要立即切断电源，旋钮复原归位，待仔细检查后，方可离去，同时盖好有仪器套罩的设备。

⑤ 实验设备应定期进行检查和/或检定（加贴标识）、维护和保养，以确保工作性能和操作安全。实验设备应有日常监控记录或使用记录。

4. 检验用品要求

① 检验用品应满足微生物检验工作的需求，常用检验用品见表1-19。

表1-19　微生物实验室常规检验用品

类别	设备名称
常规检验用品	接种环（针）、酒精灯、镊子、剪刀、药匙、消毒棉球、硅胶（棉）塞、吸管、吸球、试管、平皿、锥形瓶、微孔板、广口瓶、量筒、玻棒及L形玻棒、pH试纸、记号笔、均质袋等
现场采样检验用品	无菌采样容器、棉签、涂抹棒、采样规格板、转运管等

> **互动讨论**
>
> 你认识微生物检验的常规用品吗？它们各有何作用？

② 检验用品在使用前应保持清洁和/或无菌。

③ 需要灭菌的检验用品应放置在特定容器内或用合适的材料（如专用包装纸、铝箔纸等）包裹或加塞，应保证灭菌效果。

④ 检验用品的储存环境应保持干燥和清洁，已灭菌与未灭菌的用品应分开存放并

明确标识。

⑤ 灭菌检验用品应记录灭菌的温度与持续时间及有效使用期限。

5. 检验试剂要求

① 实验室建有对试剂进行检查、接收或拒收和贮存的程序和标准，保证涉及的试剂质量适用于检验。实验室人员应在保存期限内，检查对食品微生物检验起决定作用的每一批试剂的适用性，在确定这些试剂达到标准规格或已达到相应规程中所规定的标准之前，不得使用，并记录归档。

② 建立一套供货清单控制系统，该系统中应该包括全部相关试剂、质量控制材料以及校准品的批号、实验室接收日期以及这些材料投入使用的日期。所有这些质量记录应在实验室管理评审中提供。

③ 依据食品检测任务，制订各种药品试剂采购计划，写清品名、单位、数量、纯度、包装规格、出厂日期等，领回后建立文档，由专人管理，每半年作出消耗表，并清点剩余药品。

④ 实验室要确保所有的试剂（包括储存溶液）、培养基、稀释剂和其他的悬浮液都贴上标签，标明其适用性、特性、浓度、储存条件、准备日期、有效期和（或）推荐的储存日期。负责微生物检验准备的试验人员可以从记录中确认。

⑤ 药品试剂陈列整齐，放置有序，避光、防潮、通风干燥保存，瓶签完整，剧毒药品加锁存放，易燃、挥发、腐蚀品种单独贮存。称取药品试剂应按操作规范进行，用后盖好，必要时可封口或用黑纸包裹。不使用过期或变质药品。

6. 培养基要求

① 检验实验室应有试剂检查、接收、拒收和储存程序，确保所用试剂质量符合相关检测需要。实验室工作人员应使用有证的国家质控微生物或国际质控微生物，在初次使用和保存期限内验证并记录每一批对检验起决定作用的试剂适用性，不得使用未达到相关标准的试剂。

② 实验室内制备的培养基、稀释剂和其他悬浮液的性质应合适，原料（包括商业脱水配料和单独配料）储存在合适条件下，例如低温、干燥和避光等。所有容器尤其是用于培养基脱水的容器需高度密封。结块或颜色发生改变的脱水培养基不能使用。试验用水需经蒸馏、去离子或反渗透处理，有特殊要求除外。同时要确定和验证合适的储存条件下预制培养基的保存时间。

③ 即用型培养基在使用前需验证所有准备使用或部分完成培养基（包括稀释剂和其他悬浮液）的有效性，应估算目标微生物的复苏或存活能力，或全面定量评估对非目标微生物的抑制程度；使用客观标准对其品质（例如物理和生化性质）进行评审。

④ 实验室使用人员应充分了解制造商提供的产品质量说明书，鉴定所接收的培养基满足质量要求，主要包括培养基的名称和组成成分、保存期限和验收标准、储存条件、产品特性、无菌检查、说明书上的生产日期等方面。

二、无菌室基本要求

（一）无菌室的结构

无菌室一般为 $4\sim5m^2$、高 2.5m 的独立小房间（与外间隔离），内部装修应平整、光滑，无凹凸不平或棱角等，四壁及屋顶应用不渗水的材质，以便于擦洗及杀菌。无菌室专辟于微生物实验室内，可以用板材和玻璃建造，其周围需要设有缓冲走廊，走廊旁再设缓冲室。缓冲室的面积可小于无菌室，另设有小窗，以备进入无菌室后传递物品。无菌室和缓冲室进出口应设拉门，门与窗平齐，窗户应为双层玻璃，并要密封，门缝也要封紧，两门应错开，以免空气对流造成污染。室内安装的换气设备必须有空气过滤装置，另需设日光灯及消毒用的紫外灯，杀菌紫外灯离工作台以 1m 为宜，其电源开关均应设在室外。

在获得了无菌环境和无菌材料后，只有保持无菌状态，才能对某种特定的已知微生物进行研究。所以控菌能力和控菌稳定性是无菌室的核心验收指标。验收标准为 100 级洁净区平板杂菌数平均不得超过 1 个菌落，10000 级洁净室平均不得超过 3 个菌落。无菌室室内温度宜控制在 20~24℃，湿度 45%~60%。

（二）无菌室使用要求

① 无菌室应保持清洁整齐，工作后用消毒液拭擦工作台面，室内只能存放必需的检验用具如酒精灯、酒精棉、火柴、镊子、接种针、接种环、记号笔等。室内检验用具及桌凳等位置保持固定，不能随便移动。

② 每隔 2~3 周的时间，要用 2% 的石炭酸水溶液擦拭工作台、门、窗、桌、椅及地面，然后用甲醛加热或喷雾灭菌。

③ 无菌室使用前后应将门关紧，打开紫外灯，如采用室内悬吊紫外灯消毒，需使用 30W 紫外灯，在距离 1.0m 处，照射时间不少于 30min。使用紫外灯时应注意不得直接在紫外线下操作，以免引起损伤。灯管每隔两周需用酒精棉球轻轻拭擦，除去上面灰尘和油垢，以减少紫外线穿透的影响。

（三）无菌室操作要求

① 进入无菌室前，操作人员应先用肥皂洗手，然后用 75% 酒精棉球将手擦干净，在缓冲室更换消毒过的工作服、工作帽及工作鞋。

② 进行接种所用的吸管、平皿及培养基等必须进行消毒灭菌操作，各种玻璃器皿、注射器等，要置于高温干燥箱中 160℃灭菌 2h。另外打开包装但未使用完的器皿也要消毒，金属用具应高压灭菌或用 95% 酒精点燃烧灼 3 次后使用。

③ 从包装中取出吸管时，吸管尖部不能触及外露部位，使用吸管接种于试管或平皿时，吸管尖部不能触及试管或平皿边缘。

④ 接种样品、转种细菌必须在酒精灯前操作，接种环和接种针均要经火焰烧灼；吸管从包装中取出后要通过火焰消毒。为了避免被接种物洒落，微生物接种环的直径应为 2~3mm 并完全封闭，柄长度应小于 6cm 以减少抖动。使用封闭式微型电加热器消毒接种环，能够避免在明火上加热所引起的感染性物质暴溅。最好使用不需要再进行消毒的一次性接种环。

⑤ 观察平板时不要开盖，如果需要蘸取菌落检查时，必须靠近火焰区操作，平皿盖也不能大开，适当开个小缝，接种环能伸入即可。

⑥ 进行可疑致病菌涂片染色时，应使用夹子夹持盖玻片，切勿用手直接拿盖玻片，以免造成污染，用过的盖玻片也应置于消毒液中浸泡消毒，然后再洗涤。

⑦ 吸管吸取菌液或样品时，应用相应的橡皮头吸取，不能向含有感染性物质的溶液中吹入气体。

⑧ 操作应严格按照无菌操作规定进行，操作中少说话，不喧哗，以保持环境的无菌状态。工作结束，收拾好工作台上的样品及器材，最后用消毒液（含有 1% 有效氯溶液或 3% 过氧化氢溶液）擦拭工作台。

> **互动讨论**
>
> 如何知道无菌室是否真的无菌？

（四）无菌室无菌程度测定

在超净工作台开启的状态下，取内径 90mm 的无菌培养皿 3～5 个，无菌操作分别注入冷却至约 45℃的营养琼脂培养基约 15mL，放至凝固后，倒置于 37℃培养箱内培养 48h。证明无菌后，取平板 3～5 个，分别放置工作位置的左中右等处，开盖暴露 30min 后，倒置于 37℃培养箱培养 48h，取出检查。100 级洁净区平板杂菌数平均不得超过 1 个菌落，如超过限度，应对无菌室进行彻底消毒，直至重复检查合乎要求为止。

三、食品微生物检验常用玻璃器皿

（一）玻璃器皿的种类

玻璃仪器品种繁多，根据国际标准分为 8 类，如表 1-20 所示。

表1-20　玻璃器皿分类

类别	设备名称
输送和截流装置	玻璃接头、接口、阀门、塞、管和棒等
容器	皿、瓶、烧杯、烧瓶、槽、试管等
基本操作仪器和装置	吸收、干燥、蒸馏、冷凝、分馏、蒸发、萃取、提纯、过滤、分液、搅拌、破碎、离心、气体发生、色谱、燃烧、燃烧分析等仪器和装置
测量器具	流量、密度、压力、温度、表面张力等测量仪以及量器、滴管、吸液管、注射器等
物理测量仪器	测试颜色、光、密度、电参数、相变、放射性、分子量、黏度、颗粒度等的仪器
化学元素和化合物测定仪器	砷、二氧化碳、元素分析、官能团分析、金属元素、硫、卤素和水等测定仪器
材料试验仪器	爆炸物、气体、金属及矿物、矿物油、建筑材料、水质等测量仪器
食品、医药、生物分析仪器	食品分析、血液分析、微生物培养、血清和疫苗试验、尿化验等分析仪器

食品微生物检验实验室应用的玻璃器材种类甚多，如吸管、试管、烧瓶、培养皿、培养瓶、毛细吸管、载玻片、盖玻片等，在采购时应注意各种玻璃器材的规格和质量，各类玻璃仪器按使用要求选用适宜的玻璃品种。

（二）玻璃器皿清洁与清洗

检验中所使用的玻璃器皿清洁与否直接影响检验结果，因此玻璃器皿的洗涤清洁工作非常重要，玻璃器皿使用前必须洗刷干净。

1. 初用玻璃器皿清洗

新购买的玻璃器皿表面常附着游离碱性物质，可先用肥皂水（或去污粉）洗刷，再用自来水洗净，然后浸泡在1%~2%盐酸溶液中过夜（不少于4h），再用自来水冲洗，最后用蒸馏水冲洗2~3次，在100~130℃烘箱内烘干备用。

2. 使用过的玻璃器皿清洗

（1）一般玻璃器皿

试管、烧杯、锥形瓶等可先用自来水洗刷至无污物，再用毛刷蘸取去污粉（掺入肥皂粉）刷洗或浸入肥皂水内，将器皿内外特别是内壁仔细刷洗，用自来水冲洗干净后再用蒸馏水洗2~3次。热的肥皂水去污能力更强，可有效地洗去器皿上的油污。洗衣粉与去污粉较难冲洗干净而常在器壁上附有一层微小粒子，故要用水多次甚至10次以上充分冲洗，或用稀盐酸摇洗一次，再用水冲洗。烘干或倒置在清洁处备用。

玻璃器皿经洗涤后，若内壁的水均匀分布成一薄层，表示油垢完全洗净，若挂有水珠，则还需要用洗涤液浸泡数小时，然后用自来水充分冲洗，最后用蒸馏水洗2~3次后备用。

（2）细胞培养级玻璃器皿的洗涤

先按上述方法对玻璃器皿进行初洗，晾干；再将玻璃器皿浸泡在洗液中，注意玻璃器皿内应全部充满洗液，操作时小心勿将洗液溅到衣服及身体各部；24~48h后取出，沥干多余的洗液，用自来水充分冲洗。用水冲洗时，要准备6桶水，将其排列好，前3桶为去离子水，后3桶为双蒸水；然后将玻璃器皿依次过6桶水，玻璃器皿在每桶中过6~8次；接着将其倒置，60℃烘干；最后用硫酸纸包扎，160℃烘烤3h。

（3）量器

吸量管、滴定管、量瓶等使用后应立即浸泡于凉水中，勿使物质干涸。工作完毕后用流水冲洗，以除去附着的试剂、蛋白质等物质，晾干后浸泡在洗液中，经4~6h（或过夜）后，再用自来水充分冲洗，最后用蒸馏水冲洗2~4次，风干备用。

（4）其他

盛过传染性样品的容器（如分子克隆、病毒污染过的容器）常规先进行高压灭菌或其他形式的消毒，再进行清洗。盛过各种有毒物质（特别是剧毒药品和放射性核素物质的容器）必须经过专门处理，确知没有残余毒物存在时方可进行清洗，否则使用一次性容器。装有固体培养基的器皿应先将培养基刮去，然后洗涤。带菌的器皿在洗涤前先浸在2%来苏尔或0.25%新洁尔灭消毒液内24h或煮沸0.5h，再用上述方法洗涤。

（三）玻璃器皿的包扎

清洗干净的各种玻璃器皿，在灭菌前均需进行包扎。

① 培养皿：洗净烘干后每6~10套叠在一起，用牢固的纸卷成一筒，外面用绳子捆扎，然后进行灭菌。有条件的最好放在特制的铁皮圆筒里，加盖扣严。

② 吸管：洗净干燥后的吸管，在口吸的一端用尖头镊子或针塞入少许脱脂棉，以防止菌体误吸入口中，或者口中的微生物进入管内进而进入培养物中造成污染。塞入的棉花要适量，不宜露在吸管口的外面，多余的棉花可用酒精灯的火焰烧掉。每支吸管用一条宽4~5cm的报纸，以45°左右的角度按螺旋形卷起来，吸管的尖端在头部，吸管的另一端用剩余纸条打一小结，使之不散开，标上容量，如图1-1所示（按1到8的顺序包扎）。若干支吸管扎成一束，灭菌后，同样要在使用时才从吸管中间拧断纸条抽取吸管。

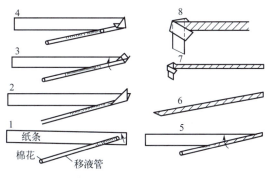

图1-1 吸管的包扎

③ 试管和三角瓶：试管和三角瓶都要配合适的棉花塞。棉花塞起过滤作用，避免空气中的微生物进入试管或三角瓶。棉花塞的制作要求是使棉花塞紧贴玻璃壁，没有皱纹和缝隙，不能过松，防止掉落和污染；也不能过紧，以防挤破管口和不易塞入，如图 1-2 所示。棉花塞的长度不少于管口直径的二倍，约 2/3 塞进管口。若干支管要用绳子扎在一起，然后用油纸或牛皮纸包住棉塞，用绳子扎紧。三角瓶单独用油纸包扎棉花塞。

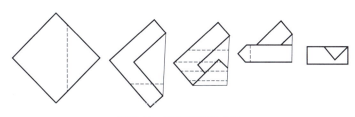

图1-2 棉塞的制作方法
方形代表一块棉花

（四）玻璃器皿的灭菌

灭菌是指杀死或消灭一定环境中的所有微生物，使玻璃器皿达到无菌状态也叫灭菌。玻璃器皿主要用电热干燥箱进行灭菌。具体的灭菌步骤为：

① 将干燥灭菌的物品放在箱内，堆置时要留空隙勿使接触四壁，关闭箱门。

② 接通电源，把箱顶的通气口适当打开，使箱内湿空气能逸出，至箱内温度达到 100℃时关闭。

③ 调节温度控制器旋钮，直至箱内温度达到所需温度为止，观察温度是否恒定，若温度不够再进行调节，调节完毕后不可再拨动调节旋钮和通气口，140～160℃保持 2～3h。

④ 切断电源，冷却到 60℃时，才能把箱门打开，取出灭菌物品。

⑤ 将温度调节控制旋钮返回原处，并将箱顶通气口打开。干净的玻璃器皿及其他耐热器皿等一般都可用此法灭菌。

四、实验室意外急救处理

① 如因打碎玻璃器皿而把菌液洒到桌面或地上，应立即以 5% 苯酚溶液或 0.1% 新洁尔灭溶液覆盖，30min 后擦净。若遇皮肤破伤，可先去除玻璃碎片，再用蒸馏水洗净，然后涂上碘伏。

②如果菌液污染手部皮肤,可先用70%酒精棉花拭净,再用肥皂水洗净。如污染了致病菌,应将手浸于2%~3%来苏尔或0.1%新洁尔灭溶液中,经10~20min后洗净。

③菌液吸入口中,应立即吐出,并用大量自来水多次漱口,再根据菌种不同,服用不同的抗菌药物预防感染。

④如果衣服或易燃品着火,应第一时间断绝火源或电源,搬走易燃物品(乙醚、汽油等),再用湿布掩盖灭火,或将身体靠墙或着地滚动灭火,必要时可用灭火器。

⑤如果皮肤烫伤,可用5%鞣酸、2%苦味酸(苦味酸氨苯甲酸丁酯油膏)涂抹伤口。

⑥化学药品灼伤处理方法。

A. 强酸性药剂:先用大量清水清洗,再用5%碳酸氢钠或5%氢氧化钠中和。

B. 强碱性药剂:先用大量清水清洗,再用5%硼酸或5%乙酸中和。

C. 苯酚:用95%乙醇清洗。

D. 如遇眼睛灼伤,则应先用大量清水冲洗,再根据化学药品的性质做分别处理。例如,遇碱灼烧可用5%硼酸洗涤;遇酸灼烧可用5%碳酸氢钠洗涤,在此基础上再滴入1~2滴橄榄油或液体石蜡加以润湿即可。

知识拓展

微生物实验室安全管理制度

①检验人员在进入微生物实验室前必须对实验内容和安全注意事项有充分的了解,以保证实验的顺利进行。

②每次实验前应清洁桌面,清洗双手,防止杂菌污染。

③严禁在实验区域内进行饮食、吸烟、逗留等与实验无关的行为。

④可能产生致病性微生物污染的操作均应在生物安全柜或其他物理抑制设备中进行,并做好个人防护。

⑤进行特殊安全实验时,应穿着防护服。离开实验室时,防护服必须脱下并留在实验室内。不得穿着外出,甚至携带回家。

⑥培养基、组织等具有潜在危险性的废弃物必须放在防漏的容器中储存、运输及消毒灭菌。所有培养物及废弃物在运出实验室之前必须进行灭菌。

⑦制定微生物安全操作规范,工作人员进行实验之前应阅读规范并严格按照规范操作。

⑧工作人员应定期进行微生物安全相关知识培训。

工作任务

任务 微生物检验用玻璃器皿的清洗与包扎

【任务概述】

样品进行微生物指标检验之前需要完成一系列的准备工作,作为质检人员,应对检验常用玻璃器皿进行清洗与包扎。

【任务要求】

① 熟悉食品微生物检验常用玻璃器皿及作用。
② 能够熟练进行不同类型玻璃器皿的清洗。
③ 能够规范包扎各种玻璃器皿，培养规范意识。

【任务实施】

一、任务分析

对检验常用玻璃器皿进行清洗与包扎，需要明确以下问题：
① 检验常用的玻璃器皿有哪些？
② 不同类型的玻璃器皿应如何清洗，怎么判断是否清洗干净？
③ 不同类型的玻璃器皿如何包扎？

二、任务准备

培养皿、试管、不同规格的吸管、三角瓶、涂布棒等。

三、实施步骤

1. 玻璃器皿的清洗

将玻璃器皿按照初次使用和使用过的进行分类，然后按玻璃器皿的洗涤要求进行清洗。清洗干净的玻璃器皿，其内壁的水应均匀分布成一薄层，并无水珠附着。

2. 培养皿的包扎

将洗净干燥后的培养皿，以6～10个为一套，按照要求用旧报纸包扎起来。

3. 吸管的包扎

将洗净干燥后的吸管，按照要求用旧报纸包扎起来。也可将同规格的吸管塞好棉柱后成批放入金属筒，吸管上端向外，盖好圆筒盖。

4. 试管和三角瓶的包扎

将试管和三角瓶用适宜的棉塞或硅胶塞塞好瓶口。6～10个试管一组，用双层旧报纸将试管口包扎起来。每个三角瓶的瓶口也要用双层旧报纸包扎。

玻璃器皿的包扎技术

【实施报告】

总结各类玻璃器皿的清洗与包扎要点填入下表中。

微生物检验用玻璃器皿的清洗与包扎操作报告

项目		类型／要点
清洗	玻璃器皿类型1	
	清洗要点	
	玻璃器皿类型2	
	清洗要点	
	玻璃器皿类型3	
	清洗要点	
	玻璃器皿类型4	
	清洗要点	
	玻璃器皿类型5	
	清洗要点	

续表

项目		类型/要点
包扎	培养皿的包扎	
	三角瓶的包扎	
	吸管的包扎	
	试管的包扎	
备注		

检验员：　　　　　　　　　　　　　　　日期：
复核人：　　　　　　　　　　　　　　　日期：

【巩固提升】

① 新购置的玻璃器皿没有使用过为什么需要清洗？
② 怎么判断玻璃器皿是否清洗干净？
③ 带油且带菌的载玻片应如何清洗？
④ 三角瓶和试管塞上棉塞后，为什么还要用旧报纸包扎瓶口或管口？

【任务评价】

微生物检验用玻璃器皿的清洗与包扎操作评价表

项目	评分标准	得分
实验准备	工作服穿戴整齐（2分）	
	实验试剂耗材准备齐全（3分）	
清洗	能够区分新购置和使用过的玻璃器皿（5分）	
	正确使用洗液（10分）	
	清洗干净，玻璃器皿内壁无水珠（10分）	
包扎	吸管尖端完全封住，上端纸条打成结，不散开（15分）	
	棉塞制作正确（5分）	
	三角瓶和试管的棉塞塞入合适，包扎正确（15分）	
	培养皿包扎正确，不散开（15分）	
工作报告	报告填写认真、字迹清晰（5分）	
	各项目填写准确（5分）	
素质养成	严格按标准操作，具有良好的规范意识（10分）	
备注		
总得分		

 ──────── 自我评价

一、知识巩固（填空题）

1. 微生物的特点主要有_____、_____、_____、_____、_____。

2. 世界上第一个看见并描述微生物的人是_____。
3. 微生物作为一门单独的学科，是从发明_____开始的。
4. 六界学说中的六界是指_____、_____、_____、_____、_____、_____。
5. 常见的微生物检验指标有_____、_____、_____、_____。
6. 检验大肠菌群的卫生学意义是_____。
7. 微生物检验实验室常用的玻璃器皿有_____。
8. 菌液污染手部皮肤应_____。
9. 细胞培养级玻璃器皿的洗涤方法是_____。
10. 培养皿的包扎方法是_____。

二、能力提升

规划设计一个无菌室，并配备检验用仪器和玻璃器皿。

模块二

微生物的观察

项目一

微生物形态观察

 案例引导

我国发现了一种名为白盖鸡油菌的全球新物种,该菌由海南医学院热带转化医学教育部重点实验室、浙江大学生命科学学院食药用菌研究所等研究机构的科研人员分别于 2017 年和 2020 年先后在海南鹦哥岭、浙江天目山发现,经基因测序后确定为新物种。白盖鸡油菌担子果非常小,菌盖表面光滑,稍微油腻,奶油白色至灰白色,中部凹陷,边缘不规则强烈弯曲,呈波浪状;菌肉黄白色,且受伤不会变色。菌柄近圆柱形,幼时菌柄实心,老后逐渐变为空心,且菌柄基部较为弯曲;表面干燥,黄白色至浅奶油色。该菌菌体肉质坚实,气味不明显。

思考:①微生物种类繁多,如何根据微生物的特征进行类别判断呢?
②微生物主要有哪几类?其特点是什么?

知识脉络

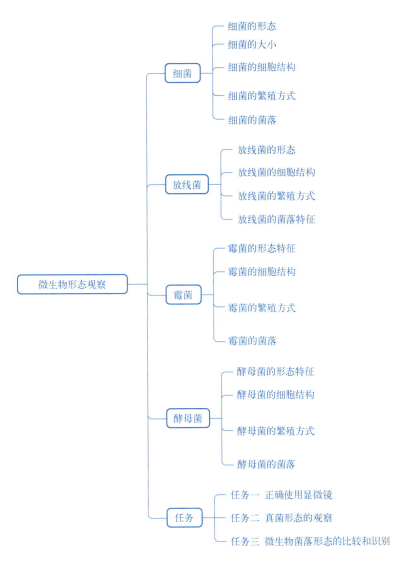

学习目标

知识：①熟悉细菌、放线菌、酵母菌和霉菌的形态及特点。

②掌握显微镜的结构及使用方法。

技能：①能够熟练使用显微镜。

②能够通过显微镜观察并识别细菌、放线菌、酵母菌和霉菌。

③能够根据微生物形态特点判别微生物类群。

素养：①培养实事求是的科学精神和迎难而上的劳动精神。

②培养探索创新精神。

知识准备

一、细菌

细菌是微生物的一大类群，在自然界中分布广泛，种类繁多，与人类生产生活关系密切。广义的细菌包括所有的原核微生物，狭义的细菌是指个体微小、结构简单、以二分裂方式繁殖的水生性较强的原核微生物。

（一）细菌的形态

细菌种类繁多，可以从形态、大小、排列方式等方面进行分类，就单个细菌而言，其基本形态可分为球状、杆状、螺旋状，分别称为球菌、杆菌、螺旋菌。细菌的形态如图2-1所示。

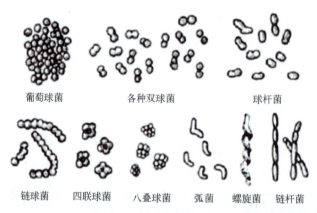

图2-1 细菌的形态

1. 球菌

球菌细胞呈球形或椭圆形，以典型的二分裂的方式进行繁殖，分裂后产生的新细胞常保持一定的空间排列方式，在分类鉴定上具有重要意义。

①单球菌：分裂后的细菌分散且单个独立存在，如尿素微球菌。

②双球菌：细胞沿一个平面进行分裂，产生的新个体成对排列，如肺炎双球菌。

③链球菌：细胞沿一个平面进行分裂，产生的新个体呈链状排列，如乳链球菌。

④四联球菌：细胞沿两个相互垂直的平面进行分裂，产生的四个细胞连在一起，呈"田"字形排列，如四联微球菌。

⑤ 八叠球菌：细胞沿三个相互垂直的平面进行分裂，产生的八个细胞叠在一起，呈立方体排列，如尿素八叠球菌。

⑥ 葡萄球菌：细胞无定向的多次分裂，产生的新个体呈不规则状排列，似葡萄状，如金黄色葡萄球菌。

同种细菌在细胞分裂后产生的新细胞不一定严格按照一种方式排列，占优势的排列方式才是重要的。

2. 杆菌

杆菌细胞呈杆状或圆柱状，也有梭状、棒状、分枝状等。短杆菌近似球状，长杆菌近似丝状。一般来说，同一种杆菌其粗细比较稳定，而长度会随培养时间和培养条件的不同而有所改变。有的杆菌很直，有的稍弯曲，有的两端钝圆，有的略尖。

杆菌细胞常沿一个平面进行分裂，一般分散存在，无一定排列形式，偶有成对或链状，个别呈特殊的排列形式，如栅栏状或呈 V、Y、L 字形排列。杆菌的排列方式不同通常是生长阶段或培养条件不同等造成的，因此对于大多数杆菌来说，其细胞排列方式在分类鉴定中意义不大。杆菌是细菌中种类最多的，食品工业中用到的细菌大多是杆菌，如用来发酵酸奶的保加利亚乳杆菌，用来生产淀粉酶和蛋白酶的枯草芽孢杆菌等。

3. 螺旋菌

细胞呈弯曲杆状，细胞壁坚韧，菌体较硬，形态稳定，常以单细胞存在。不同种的细胞个体在长度、螺旋数目和螺距等方面有显著差异。

① 弧菌：菌体只有一个弯曲，弯曲程度不足一圈，呈弧形或逗点状，如霍乱弧菌。

② 螺旋菌：菌体回旋如螺旋状，满 2~6 环，如干酪螺菌。

③ 螺旋体：菌体螺旋周数在 6 环以上的，菌体柔软，如梅毒密螺旋体。

除球状、杆状和螺旋状三种基本形态外，还有些细菌具有其他形态，例如柄杆菌属，细胞呈杆状或梭形，并具有一根特征性的细柄且细柄具有附着作用；球衣菌属，能形成衣鞘，杆状的细胞呈链状排列在衣鞘内而成为丝状；此外还有弯月状、分枝状等形态。

细菌的形态易受环境条件的影响，如培养温度、培养时间、培养基的组成与浓度等发生改变，均可能引起细菌形态的改变。一般处于幼龄时期或培养条件适宜的时候，细菌形态正常、整齐，表现出特定的形态。当培养条件不适宜或培养物较老时，细菌会出现不正常的形态，如细胞膨大、菌体伸长、产生分枝等，统称为细菌的异常形态。根据其生理机能的不同，可将异常形态分为畸形和衰颓形两种。畸形的细菌主要是由于化学或物理因子的刺激，阻碍了细胞的发育而引起的形态异常。衰颓形是由培养时间过长，细胞衰老，营养缺乏或因自身代谢产物积累过多等原因而造成的形态异常。这种细胞繁殖能力丧失，形体膨大，形成液泡，着色力弱，有时菌体尚存，实则已死亡。上述原因导致的形态异常有些是暂时的，在一定条件下大多可恢复正常，因此在观察比较细菌形态时，需注意培养条件的变化而引起的形态变化。

（二）细菌的大小

细菌一般都很小，需要借助于光学显微镜才能被观察到。细菌常用的度量单位为微米（μm），细菌亚细胞结构的度量单位是纳米（nm）。球菌的大小通常以直径来表示，大多数球菌的直径为 0.20~1.25μm。杆菌和螺旋菌的大小一般都以宽度×长度来表示，杆菌的大小一般为（0.20~1.25）μm×（0.3~8.0）μm，产芽孢的杆菌比不产芽孢的杆菌要大；螺旋菌的大小一般为（0.3～1.0）μm×（1.0～5.0）μm。不同细菌的大小差异很大。典型细菌的代表大肠杆菌，其平均长度约为2μm，宽约0.5μm，若把1500个大肠杆菌首尾相连，其长度仅相当于一粒芝麻的长度（3mm），把120个大肠杆菌肩并肩紧挨在一起，其宽度才抵得上人的一根头发的粗细（60μm）。

> **互动讨论**
>
> 你知道到目前为止发现的世界上最大的和最小的细菌分别是什么菌吗？

影响细菌形态变化的因素很多，细菌最明显的形态变化为大小变化。一般幼龄菌体的大小比较稳定，老龄菌体的长度变化大但宽度变化不明显。此外还受环境条件，如培养基成分、培养基的浓度、培养温度和培养时间等的影响。在非正常条件下或衰老的培养基中细菌常表现出膨大、分枝或丝状等畸形。因细菌个体大小有很大差异且测量大小时使用的固定和染色方法不同，所以测量结果可能不一致。一般细菌在干燥和固定的过程中，其细胞明显收缩，测量结果只能得到其近似值，因此有关细菌大小的记载通常是平均值或代表值。

（三）细菌的细胞结构

细菌的细胞结构包括基本结构和特殊结构。基本结构包括细胞壁、细胞膜、细胞质、原核等，特殊结构包括荚膜、芽孢、鞭毛、菌毛等，如图2-2所示。

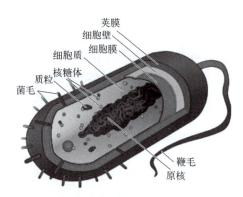

图2-2　细菌的细胞结构

1. 基本结构

细菌的基本结构是任何一种细菌都具有的，是细菌分类鉴定的重要依据。

（1）细胞壁

位于细菌细胞的最外层，是一层质地坚韧而略有弹性的膜状结构，约占细胞干重的10%～25%，其组成比较复杂且随不同细菌而异。

细胞壁具有一定的韧性和弹性，能够保护细胞免受外力的损伤，同时维持细胞的正常形态。失去细胞壁的各种形态的细菌都将变成球形。细胞壁具有多孔结构，具有选择透过性，能够允许水及一些化学物质通过，与细胞膜一起完成细胞内外物质的交换。细胞壁的化学组成与其抗原性、致病性及对噬菌体的敏感性有关，此外细胞壁还可作为鞭毛运动的支点。

（2）细胞膜

细胞膜位于细胞壁内侧，包围着细胞质，是一层柔软且富有弹性的半透膜结构。细胞膜具有选择吸收功能，可以控制物质的吸收与排出，是细菌许多生化反应的重要部位。

细胞膜是一个磷脂双分子层，由高度疏水的脂肪酸和相对亲水的甘油、磷酸结合而成，脂肪酸的链长和饱和度因细菌种类和生长温度而异，如图2-3所示。磷脂的亲水和疏水双重性质使分子排列具有方向性，疏水的两层脂肪酸链排列在内侧，亲水的磷酸基则排列在外侧。在分子层中埋藏着与物质运输、能量代谢和信号接收有关的整合蛋白。整合蛋白具有双极性，不容易从细胞膜中抽提出来。另外，通过电荷相互作用，外周蛋白疏松附着于膜外。膜中的脂类和蛋白质互相做相对运动。

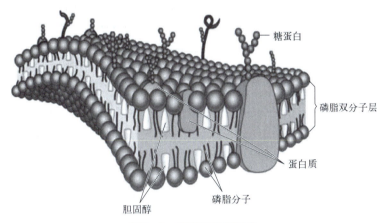

图2-3　细菌细胞膜结构

细胞膜能够控制营养物质和代谢产物进出细胞，对不同的物质采用不同的运输方式。细胞膜是细菌产生代谢能量的主要场所，电子转移系统和呼吸酶类都位于细胞膜上。细胞膜与合成细胞壁和荚膜有关，对维持细胞内正常渗透压有着重要作用。此外细胞膜还是鞭毛的着生位点，为其提供运动能量。

（3）细胞质

细胞质是位于细胞膜内的无色透明黏稠状胶体，是细胞的基础物质，其基本成分是水、蛋白质、核酸和脂类，也含有少量的糖和无机盐类。细胞质内含有丰富的酶系，是合成蛋白质和复制核酸的场所，也是细菌新陈代谢的重要场所。

（4）原核

细菌只具有比较原始形态的核区，称为原核或拟核。原核是由大型环状双链DNA分子不规则折叠缠绕形成的无核膜、核仁的区域，一般呈球状、棒状或哑铃状。原核具有细胞核的功能，控制着细菌的遗传和变异等各种生物学性状。由于核分裂在细胞分裂之前进行，在生长迅速的细菌细胞中有两个或四个核区，生长速度低时则只有一个或两个核区。

（5）质粒

细菌中还存在染色体外的遗传因子，即质粒。质粒是共价闭合环状的双链DNA分子，分散在细胞质中，具有自我复制的能力。质粒携带着遗传信息，一般是细菌细胞的次级代谢基因，它随细菌繁殖，在子代细胞中代代相传。质粒在细胞中有时可自行消失，但没有质粒的细菌不能自行产生。质粒在基因工程研究中是重要的基因载体工具。

（6）核糖体

核糖体是细胞中核糖核蛋白的颗粒状结构，由核糖核酸与蛋白质组成。核糖体分散在细菌细胞质中，是细胞合成蛋白质的场所。核糖体数量与蛋白质合成速度直接相关。细胞内核糖体数量随菌体生长速度而变化，当细菌生长旺盛时，每个菌体可含有 10^4 个，生长缓慢时只含有 2000 多个。

2. 特殊结构

细菌的特殊结构是部分细菌才具有的结构，在细菌分类鉴定上有着重要作用。

（1）芽孢

有些细菌生长到一定阶段繁殖速度下降，菌体的细胞原生质浓缩，在细胞内形成一个圆形、椭圆形或圆柱形的厚壁孢子，这种对不良环境有较强的抵抗能力的休眠体称为芽孢。杆菌中能形成芽孢的种类较多，而球菌和螺旋菌中只有少数菌种可形成芽孢。细菌是否形成芽孢是由其遗传性决定的，但芽孢的形成也需要一定的环境条件才能实现，不同菌种形成芽孢所需要的环境条件也不相同。大多数芽孢杆菌是在营养缺乏、温度较高或代谢产物积累等不良条件下，在衰老的细胞内形成的。但有的菌种需要在营养丰富温度适宜的条件下形成芽孢，如苏云金芽孢杆菌。芽孢有较厚的壁和较高的折光性，在显微镜下观察为透明体。芽孢难以着色，通常采用芽孢染色法进行观察。

通常一个细胞只能形成一个芽孢，在常规条件下，一般可以保持几年甚至几十年不死亡，当遇到适宜的环境时，芽孢可以萌发成为一个新个体。芽孢对高温、干燥、化学消毒剂及辐射等有很强的抵抗力，是生命世界中抗逆性最强的一种结构，因此食品、医疗器械、培养基等的灭菌以杀灭芽孢为指标。

> **互动讨论**
>
> 芽孢遇到适宜的环境可以萌发长成新个体，它是细菌的繁殖器官吗？为什么？

（2）荚膜

荚膜是某些细菌在生长繁殖过程中分泌的一层松散透明的黏液性物质，具有一定的外形，相对稳定地附着于细胞壁外。荚膜的组成因品种而异，90% 以上是水分，其次是多糖或多肽聚合物，此外还有蛋白质、糖蛋白等。如果黏液物质没有明显的边缘，形态和厚度不稳定，可以扩散到环境中，则被称为黏液层。荚膜一般围绕在每一个细菌细胞的外围，但也有多个细菌的荚膜连在一起，被称为菌胶团。

荚膜不是细菌的主要结构，通过突变或用酶处理可以去除掉。细菌失去荚膜仍可以正常生长，荚膜的形成与否主要由细菌的遗传特性决定，也与其生存环境有关。荚膜具有较强的抗干燥能力；可以保护菌体免受巨噬细胞等的捕捉和吞噬；可以储存养料，营养缺乏时作为细胞外碳源和能源的储备物质；具有毒力，能够增强某些细菌的致病性，如肺炎球菌、炭疽杆菌等都有这类荚膜。荚膜的折射率很低，不易着色，一般采用负染色法进行观察，使背景和菌体着色，衬托出无色的荚膜，然后用光学显微镜进行观察。

（3）鞭毛

鞭毛是某些细菌从体内长出的纤细呈波状的蛋白质丝状物，是细菌的运动器官。鞭毛起源于细胞膜内侧细胞质区内的基粒上。鞭毛自基粒长出，穿过细胞壁延伸到细胞外部，其长度一般是菌体长度的若干倍，可达 15.0～20.0μm，但其直径极微小，为

10.0～25.0nm，需要通过电镜才能观察到。用悬滴法或暗视野可以观察细菌的运动状态，或者使用半固体琼脂穿刺培养，从菌体生长扩散状况也可以初步判断细菌是否具有鞭毛。

大多数球菌不生鞭毛，杆菌中有的生鞭毛，有的不生鞭毛，弧菌与螺旋菌都生鞭毛。鞭毛着生的位置、数目是细菌菌种的特征，根据鞭毛数目和排列方式，将鞭毛分为单生、丛生和周生，如图2-4所示。单生指在菌体的一端长一根鞭毛，如霍乱弧菌，或两端各生一根鞭毛，如鼠咬热螺旋体。丛生指在菌体一端丛生鞭毛，如铜绿假单胞菌，或两端各丛生鞭毛，如红色螺菌。周生指菌体周围长满鞭毛，如枯草芽孢杆菌。鞭毛虽是某些细菌的特征，但在不良的环境条件下，如培养基成分改变、培养时间过长、干燥、芽孢形成、防腐剂加入等，都可能造成细菌丧失生长鞭毛的能力。

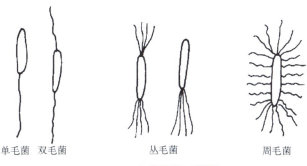

图2-4 细菌的鞭毛类型

（4）菌毛

某些细菌表面长出的短而细的蛋白质丝或细管称为菌毛，又叫纤毛。菌毛起源于细胞膜或紧贴细胞膜的细胞质中，能使大量菌体缠结在一起。菌毛一般数目较多，分布于整个菌体，与细菌的运动无关。菌毛分为两种，一种是普通菌毛，能使细菌附着在物质表面形成菌膜；另一种是性菌毛，与细菌接合有关，能够在接合作用中向雌性菌株传递遗传物质。菌毛能使细胞吸附在固体表面或液体表面，形成菌膜或浮渣。

（四）细菌的繁殖方式

细菌在适宜条件下生长，其体积、质量增加，待细胞成熟便开始繁殖。细菌以简单的二分裂方式进行无性繁殖。分裂时首先菌体伸长，DNA进行复制，形成两个核区；然后菌体中部的细胞膜从外向中心推进，然后闭合形成一个垂直于细胞长轴的细胞隔膜，把菌体分开；细胞壁向内生长把横隔膜分为两层，形成子细胞壁，最后子细胞分离形成两个子细胞，如图2-5所示。除无性繁殖外，细菌也存在有性接合，但发生的频率极低。

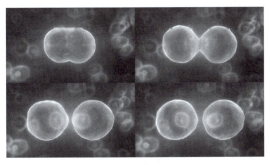

图2-5 细菌的繁殖

（五）细菌的菌落

把微生物细胞接种到固体培养基上，在适宜的条件下培养，微生物迅速生长繁殖形成肉眼可见的细胞群体，称为菌落。如果将某一纯种细胞大量密集接种于固体培养基表面，菌体生长形成的各菌落连接成片，则称菌苔。

不同菌种的菌落特征不同，同一菌种在不同培养条件下形成的菌落形态也不尽相同，但相同的培养条件下形成的菌落形态是一致的，因此菌落形态特征对于菌种的鉴定具有一定的意义。各种细菌形成的菌落具有一定特征，如菌落大小、形状（圆形、丝状、假根状、不规则状等）、边缘情况（整齐、波形、裂叶状、锯齿形等）、隆起情况（扁平、隆起、低凸起、高凸起、脐状等）、光泽（闪光、金属光泽、无光泽等）、表面状态（光滑、皱褶、颗粒状、龟裂状、同心环状等）、质地（油脂状、膜状、黏稠、脆硬等）、颜色（正反面或边缘与中央部位的颜色）、透明程度（透明、半透明、不透明）等，如图2-6所示。

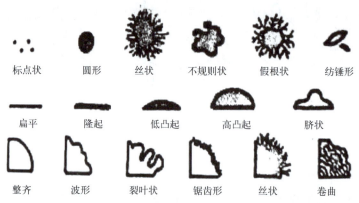

图2-6　细菌的不同菌落特征

多数细菌在固体培养基上菌落较小，表面湿润、光滑、有光泽，透明或半透明，颜色单一，质地均匀黏稠，容易挑取。另外，在液体培养基和半固体培养基中细菌菌落也有差异。

菌落的形态、大小受培养空间的限制，如果两个相邻的菌落靠得很近，由于营养物有限，有害代谢产物的分泌和积累使其生长受阻，会导致菌落变形。菌落特征也受其他方面因素的影响，产荚膜的细菌表面光滑、呈黏稠状，为光滑型菌落；不产荚膜的菌落表面干燥、呈褶皱状，为粗糙型菌落。在进行菌落观察的时候一般以培养3～7天为宜，观察时要选择菌落分布比较稀疏处的单个菌落。菌落主要用于微生物的分离、纯化、鉴定、计数等研究和选种、育种等实际工作中。

> **互动讨论**
>
> 食品中常见的细菌有哪些？哪些食品是由细菌发酵产生的？

二、放线菌

放线菌在自然界中分布广泛，主要存在于土壤、空气和水中，尤其是含水量低、有机物丰富、呈中性或微碱性的土壤中数量最多。放线菌只是形态上的分类，属于细菌界放线菌门。土壤特有的泥腥味，主要是放线菌的代谢产物所致。它们大多数腐生，少数寄生，对复杂有机质的分解有重要作用。有的放线菌能与非豆科植物共生结瘤固氮，在绿化造林、改良土壤、改善生态环境方面起重要作用。许多放线菌能产生抗生素、维生素和各种酶类，尤以产生抗生素著称。

> **互动讨论**
> 雨过天晴，空气里会有一股清新的泥土的气息，想一想这股泥土的气息是什么的气味？

（一）放线菌的形态

放线菌与细菌同属原核生物，但放线菌的形态比细菌复杂些。放线菌呈分枝的丝状结构，这些细丝被称为菌丝。菌丝直径与细菌相似，小于1μm。根据菌丝的着生部位、形态和功能的不同，放线菌菌丝可分为基内菌丝（也称营养菌丝）、气生菌丝和孢子丝三种，如图2-7，其中只有典型的放线菌（如链霉菌）具有气生菌丝，原始的放线菌则没有。

放线菌

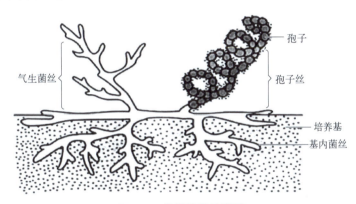

图2-7 放线菌菌丝类型

1. 基内菌丝

基内菌丝匍匐生长于营养基质表面或伸向基质内部，类似于植物的根，也称为初级菌丝，具有吸收营养物质和排泄代谢产物的作用。有些基内菌丝可产生黄、蓝、红、绿、褐和紫等水溶性色素和脂溶性色素，把培养基染成各种颜色，色素在放线菌的分类和鉴定上有重要的参考价值。放线菌中多数种类的基内菌丝无隔膜，不断裂，如链霉菌属和小单孢菌属等；但有一类放线菌，如诺卡氏菌属放线菌的基内菌丝生长一定时间后形成横隔膜，继而断裂成球状或杆状小体。

2. 气生菌丝

气生菌丝是基内菌丝长出培养基外并伸向空间的菌丝，又称二级菌丝。在显微镜下观察，一般气生菌丝颜色较深，比基内菌丝粗，直径为1.0～1.4μm，长度相差悬殊，形状直伸或弯曲，可产生色素，多为脂溶性色素。有些放线菌气生菌丝发达，有些则较稀疏，还有的种类没有气生菌丝。

3. 孢子丝

当气生菌丝发育到一定程度，其顶端分化出的可形成孢子的菌丝，叫孢子丝，又称繁殖菌丝。孢子成熟后，可从孢子丝中逸出飞散。孢子丝的形态及其在气生菌丝上的排列方式，随菌种不同而异，是菌种鉴定的重要依据。孢子丝的形状有直形、波曲、钩状、螺旋状，螺旋状的孢子丝较为常见，其螺旋的松紧、大小及螺数和螺旋方向因菌种而异。孢子丝的着生方式有对生、互生、丛生与轮生（一级轮生和二级轮生）等多种，见图2-8。

图2-8 放线菌孢子丝形态

孢子丝发育到一定阶段便分化为孢子。在光学显微镜下，孢子呈圆形、椭圆形、杆状、圆柱状、瓜子状、梭状和半月状等，即使是同一孢子丝分化形成的孢子也不完全相同，因而不能作为分类、鉴定的依据。孢子的颜色十分丰富。孢子表面的纹饰因种而异，在电子显微镜下清晰可见，有的光滑，有的呈褶皱状、疣状、刺状、毛发状或鳞片状，刺又有粗细、大小、长短和疏密之分，一般比较稳定，是菌种分类、鉴定的重要依据。

（二）放线菌的细胞结构

放线菌细胞的结构与细菌相似，都具备细胞壁、细胞膜、细胞质、原核等基本结构。个别种类的放线菌也具有细菌鞭毛样的丝状体，但一般不形成荚膜、菌毛等特殊结构。

1. 细胞壁

放线菌细胞壁的结构组成与革兰氏阳性细菌相似，其主要成分为肽聚糖，即由 N-乙酰葡萄糖胺和 N-乙酰胞壁酸借助 β-1,4 糖苷键连接成链状结构，再由胞壁酸上的短肽侧链进一步交联成立体网格分子。除极个别的之外，放线菌的革兰氏染色结果一般都为阳性。放线菌的细胞壁中还含有一些其他的糖类，如阿拉伯糖、半乳糖、木糖及马杜拉糖等。

2. 细胞膜

细胞膜是紧贴细胞壁的一层膜结构，放线菌的细胞膜与细菌的细胞膜在结构、化学组成及生物学功能上都极为相似。细胞膜最重要的作用是选择性地进行营养物质的运输及代谢废物的排出，特别是对于基内菌丝，细胞膜上的载体蛋白种类十分丰富，在放线菌从周围环境吸收营养过程中发挥着重要作用。此外，膜上还有各种极性类脂、非极性类脂及细胞色素和醌类等细胞膜组成成分，同时参与能量代谢。

3. 细胞质及内含物

放线菌是单细胞丝状体，多数菌丝中无横隔，整个细胞质都是贯通的。细胞质是由蛋白质、核酸、糖类、脂类、无机盐和大量的水组成的半透明胶状物，其中水的含量为60%～80%，尤其是基内菌丝的含水量更高。最重要的颗粒状内含物是核糖体，此外还有多聚磷酸盐、类脂及多糖等内含物。放线菌细胞质中的糖和其他细胞壁中的糖合称为全细胞糖。不同种类放线菌的全细胞糖类型不同，故在放线菌的传统分类中常作为分类指标。

4. 原核

放线菌的原核的实质为一条共价、闭合、环状、以超螺旋形式存在的双链 DNA 分子，又称核质体。由于放线菌菌丝的细胞质是连通的，故其核质体的数目较多，为典型的多核细胞。菌丝中所含的核质体数一般与菌丝的生长速度有关，在快速生长的菌丝中，核质体 DNA 可占细胞总体积的 15%～20%。

（三）放线菌的繁殖方式

放线菌主要通过形成无性孢子的方式进行繁殖，也可借菌体分裂片段繁殖。放线菌长到一定阶段，一部分气生菌丝形成孢子丝，孢子丝成熟便分化形成许多孢子，称为分生孢子。

1. 凝聚孢子

凝聚分裂形成凝聚孢子。其过程是孢子丝孢壁内的原生质围绕核物质，从顶端向基部逐渐凝聚成一串体积相等或大小相似的小段，然后小段收缩，并在每段外面产生新的孢子壁而成为圆形或椭圆形的孢子。孢子成熟后，孢子丝壁破裂释放出孢子。多数放线菌按此方式形成孢子，如链霉菌孢子的形成多属此类型。

2. 横隔孢子

横隔分裂形成横隔孢子。其过程是单细胞孢子丝长到一定阶段，首先在其中产生横隔膜，然后在横隔膜处断裂形成孢子，称横隔孢子，也称节孢子或粉孢子。一般呈圆柱形或杆状，体积基本相等，大小相似。诺卡氏菌属按此方式形成孢子。

3. 孢囊孢子

有些放线菌首先在菌丝上形成孢子囊，在孢子囊内形成孢子，孢子囊成熟后破裂，释放出大量的孢囊孢子。孢子囊可在气生菌丝上形成，也可在基内菌丝上形成，或二者均可生成。游动放线菌属和链孢囊菌属均以此方式形成孢子。

4. 分生孢子

小单孢菌科中多数种的孢子形成是在基内菌丝上作单轴分枝，再生出直而短的特殊分枝，分枝还可再分枝杈，每个枝杈顶端形成一个球形、椭圆形或长圆形孢子，它们聚集在一起，很像一串葡萄，这些孢子亦称分生孢子。

放线菌孢子具有较强的耐干燥能力，但不耐高温，60～65℃处理10～15min即失去生活能力。放线菌也可借菌丝断裂的片段形成新的菌体，这种繁殖方式常见于液体培养基中。工业化发酵生产抗生素时，放线菌就以此方式大量繁殖。如果静置培养，培养物表面往往形成菌膜，膜上也可产生出孢子。

（四）放线菌的菌落特征

放线菌的菌落由菌丝体组成，一般呈圆形，平坦或有许多皱褶，菌落周围具辐射状菌丝，可分为两类。

一类是以链霉菌属为代表的，由产生大量分枝和气生菌丝的菌种所形成的菌落。链霉菌菌丝较细，生长缓慢，分枝多而且相互缠绕，故形成的菌落质地致密，表面呈较紧密的绒状或坚实、干燥、多皱，菌落较小而不蔓延；基内菌丝长在培养基内，所以菌落与培养基结合较紧，不易挑起或挑起后不易破碎。在气生菌丝尚未分化成孢子丝以前，幼龄菌落与细菌的菌落很相似，光滑或如发状缠结。有时气生菌丝呈同心环状，当孢子丝产生大量孢子并布满整个菌落表面后，才形成絮状、粉状或颗粒状的典型的放线菌菌落。有些种类的孢子含有色素，使菌落正面或背面呈现不同颜色，带有泥腥味。

另一类以诺卡氏菌属为代表，菌落由不产生大量菌丝体的菌种形成。菌落黏着力差，结构呈粉质状，用针挑起则粉碎。若将放线菌接种于液体培养基内静置培养，能在瓶壁液面处形成斑状或膜状菌落，或沉降于瓶底而不使培养基混浊；如进行振荡培养，常形成由短的菌丝体所构成的球状颗粒。

> **互动讨论**
>
> 链霉素、红霉素、四环素等抗生素是由哪些菌种产生的？

三、霉菌

霉菌是丝状真菌的俗称，即"发霉的真菌"的意思，它们往往能形成分枝繁茂的菌丝体，但又不像蘑菇那样产生大型的子实体。在潮湿温暖的地方，很多物品上长出一些肉眼可见的绒毛状、絮状或蛛网状的菌落，那就是霉菌。

霉菌与人类的关系密切，是人类实践活动中最早利用和认识的一类微生物。霉菌在食品制造、工农业生产、医疗实践、环境保护等方面起着重要的作用，如生产酶制剂、抗生素，进行生物防治、污水处理以及酱油酿造等。霉菌也能引起食品的腐败变质，是植物的主要病原菌，还有些可引起动物和人的传染病，部分霉菌可产生毒性很强的真菌毒素，如黄曲霉毒素等。

> **互动讨论**
>
> 黄曲霉毒素毒性有多大？主要污染哪些食品？如何预防污染？

（一）霉菌的形态特征

霉菌的菌丝是由细胞壁包被的一种管状细丝，大都无色透明，直径一般为

3～10μm。菌丝有分枝，分枝的菌丝相互交错而成的群体称为菌丝体。霉菌的菌丝按形态分为有隔膜菌丝和无隔膜菌丝两种类型，见图2-9。有隔膜菌丝中有横膈膜，被隔开的一段菌丝就是一个细胞，每个细胞中有一个至多个核。隔膜上有孔，细胞质和细胞核可以自由流动，每个细胞的功能相同，这是高等真菌具有的类型。无隔膜菌丝的整个菌丝就是一个单细胞，细胞内有许多的细胞核，菌丝在生长的过程中只有细胞核数目的增多和菌丝的延长，没有细胞数目的增多，这是低等真菌具有的特点。

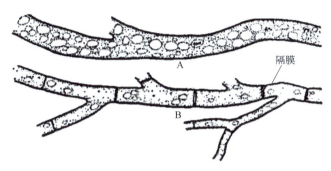

图2-9　霉菌的菌丝形态
A—无隔膜菌丝；B—有隔膜菌丝

霉菌的菌丝在固体培养基内和表面都能生长，按其分化程度可以分为营养菌丝、气生菌丝和繁殖菌丝。向培养基内生长的菌丝主要功能是吸收营养，称为营养菌丝，也叫基内菌丝；在培养基表面生长的菌丝为气生菌丝，气生菌丝成熟时能够分化成能产生孢子结构的菌丝称为繁殖菌丝。霉菌的菌丝形态特征是识别不同种类霉菌的重要依据。

为适应不同的环境条件和更有效地摄取营养满足生长发育的需要，许多霉菌的菌丝可以分化成一些特殊的形态和组织，这种特化的形态称为菌丝变态。常见的形式有菌环、菌网、吸器、假根、菌核和子实体等。

（二）霉菌的细胞结构

霉菌细胞由细胞壁、细胞膜、细胞质、细胞核、线粒体、核糖体、内质网及各种内含物等组成。除少数低等水生霉菌细胞壁含纤维素外，大部分霉菌细胞壁主要由几丁质构成。几丁质和纤维素分别构成高等和低等霉菌细胞壁的网状结构——微纤丝，使细胞壁具有坚韧的机械性能。真菌细胞壁的另一类成分为无定形物质，主要是一些蛋白质甘露聚糖和葡聚糖，它们填充于纤维状物质构成的网内或网外，充实细胞壁的结构。霉菌的细胞膜、细胞核、线粒体、核糖体等结构和其他真核生物基本相同。幼龄菌往往具有小而少的液泡，老龄菌的液泡则较大。

（三）霉菌的繁殖方式

霉菌的繁殖能力一般都很强，繁殖方式也较复杂，可分为无性繁殖和有性繁殖。霉菌主要以产生大量的无性孢子为主，在液体培养时能够以菌丝断裂方式进行繁殖。在一定的生长阶段，当条件适宜时，多数霉菌可通过产生有性孢子的方式进行有性繁殖。孢子的大小、形状、颜色和形成方式是鉴别霉菌种类的重要依据之一。

无性繁殖是不经过两个性细胞的结合，只是由营养细胞分裂或分化而形成的同种新个体的过程。产生无性孢子是霉菌进行无性繁殖的主要方式，特点是量大、分散，包括孢囊孢子、分生孢子、节孢子、游动孢子和厚垣孢子等。

有性繁殖指经过两个性细胞结合而产生新个体的过程。霉菌有性繁殖靠产生有性孢子进行。大多数真菌的菌体是单倍体，二倍体仅限于接合子。霉菌的有性孢子形成过程一般经过质配、核配和减数分裂3个阶段。

1. 质配阶段

质配是两个遗传型不同的"性细胞"结合的过程，质配时两者的细胞质融合在一起，但两者的核各自独立，共存于同一细胞中，称为双核细胞。此时每个核的染色体数目都是单倍的（即$n+n$）。

2. 核配阶段

质配完成后，双核细胞中的两个核进行融合，形成二倍体的合子，此时核的染色体数是双倍的（即$2n$）。在低等霉菌中，质配后紧接着进行的就是核配，而高等霉菌中，质配后不一定马上进行核配，经常以双核形式存在一段时间，在此期间双核细胞也可分裂产生双核子细胞。霉菌染色体的基因重组一般发生在核配阶段。

3. 减数分裂

由于霉菌的核是以单倍体的形式存在，二倍体的核还需进行减数分裂才能使子代的染色体数与亲代保持一致，即恢复到原来的单倍体状态。多数霉菌在核配后立刻进行减数分裂，形成各种类型的单倍体有性孢子，但也有少数种类霉菌能以二倍体的合子形式存在一段时间，此现象常见于接合菌亚门中的霉菌。

经过上述三个阶段，霉菌最终以有性孢子完成繁殖全过程。在霉菌中，有性繁殖不及无性繁殖普遍，仅发生于特定条件下，在特殊的培养基上出现。常见的真菌有性孢子有卵孢子、接合孢子、子囊孢子等。霉菌无性孢子和有性孢子的比较见表2-1。

表2-1 霉菌无性孢子和有性孢子的比较

	孢子名称	染色体倍数	外形	数量	外生/内生	特点	举例
无性孢子	游动孢子	n	圆形、梨形、肾形	多	内生	有鞭毛，能游动	壶菌
	孢囊孢子	n	近圆形	多	内生	水生型，有鞭毛	根霉、毛霉
	分生孢子	n	极其多样	极多	外生	少数为多细胞	曲霉、青霉
	节孢子	n	柱形	多	外生	各孢子同时形成	白地霉
	厚垣孢子	n	近圆形	少	外生	在菌丝顶或中间形成	总状毛霉
有性孢子	卵孢子	$2n$	近圆形	1至几个	内生	厚壁，休眠	德氏腐霉
	接合孢子	$2n$	近圆形	1	内生	厚壁、休眠、大、色深	根霉、毛霉
	子囊孢子	n	多样	一般	外生	长在各种子囊中	脉孢菌、红曲霉

（四）霉菌的菌落

霉菌的菌落是由分枝状菌丝体组成，由于菌丝较粗而长，形成的菌落通常比较大、干燥、不透明、比较疏松，常呈现绒毛状、棉花样絮状或蜘蛛网状，同一菌落的不同部位的颜色常常不同。有些霉菌如根霉、毛霉、链孢霉的菌丝生长很快，在固体培养基表面迅速蔓延，以致菌落没有固定大小。有不少种类的霉菌其生长有一定的局限性，形成的菌落较小，如青霉和曲霉。菌落表面常呈现肉眼可见的不同结构和色泽特征，这是因为霉菌形成的孢子有不同的形状、构造和颜色。有的产生水溶性色素可分泌到培养基中，使菌落背面出现不同颜色。一些生长较快的霉菌菌落，其菌丝生长向外扩展，所以菌落中部的菌丝菌龄较大，而菌落边缘的菌丝是最幼嫩的。同一种霉菌，在不同成分的培养基上形成的菌落特征可能有变化；但各种霉菌在一定的培养基上形成的菌落大小、形状、颜色等是相对一致的。因此，菌落特征也是霉菌鉴定的主要依据之一。

> **互动讨论**
>
> 水果蔬菜腐烂变质主要是由哪种霉菌引起的？有何特点？

四、酵母菌

酵母菌一般泛指能发酵糖类的各种单细胞真菌，并非系统演化分类的单元。酵母菌在有氧和无氧环境下都能生存，属于兼性厌氧菌。酵母菌分布广泛，主要生长在偏酸的含糖环境中，如水果、蔬菜、蜜饯的表面及果园土壤中。不少酵母菌还可以利用烃类物质，故在油田和炼油厂附近的土壤中也可以分离到酵母菌。

酵母菌是人类文明史中第一种"家养"的微生物，是被应用得最早的微生物。已知有1000多种酵母，可根据酵母菌产生孢子（子囊孢子和担孢子）的能力对酵母菌进行分类：形成孢子的株系属于子囊菌和担子菌；不形成孢子主要通过出芽生殖来繁殖的称为不完全真菌，或者叫"假酵母"。酵母菌在酿造、食品、医药工业等方面具有重要地位，酒类酿造、面包制作、乙醇和甘油发酵、石油及油品的脱蜡等都离不开酵母菌。有的酵母菌还含有大量蛋白质，可用于制作单细胞蛋白，作为饲料和食品添加剂使用。此外酵母还可以用来提取核酸、麦角甾醇、辅酶A、细胞色素C、维生素等多种活性物质。在基因工程中，酵母菌可作为表达外源性蛋白质的优良工程菌。少数腐生型的酵母能使食物、纺织品和其他原料腐败变质，也能引起人及动物的疾病。

（一）酵母菌的形态特征

酵母菌为单细胞，其形态通常有球形、卵圆形、椭圆形，也有柠檬形、三角形、腊肠形等，细胞一般比细菌大得多，一般为（1~5）μm×（5~30）μm。各种酵母菌有其一定的形态和大小，但也随菌龄、环境条件（如培养基成分）的变化而有差异。一般成熟的细胞体积大于幼龄细胞，液体培养的细胞大于固体培养的细胞。在一定培养条件下，有些酵母菌（如假丝酵母）在进行一连串的出芽繁殖后，子细胞与母细胞不立即分离，连在一起形成藕节状的细胞串，称为假菌丝。

（二）酵母菌的细胞结构

酵母菌具有典型的真核细胞结构，包括细胞壁、细胞膜、细胞核、核膜、内质网、核糖体、液泡、线粒体等（图2-10）。

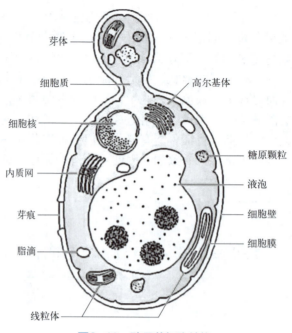

图2-10　酵母菌细胞结构

1. 细胞壁

厚约25nm，结构坚韧，约占细胞干重的25%，呈三明治状排列，外层为甘露聚糖，内层为葡聚糖，其间夹有一层蛋白质分子。葡聚糖与细胞膜相邻，是细胞壁的主要成分，赋予细胞壁以机械强度。在芽痕周围存在少量的几丁质成分。

2. 细胞膜

主要成分是蛋白质（约占干重的50%）、类脂（约占干重的40%）和少量糖类，是由上下两层磷脂分子以及镶嵌在其中的甾醇和蛋白质分子组成。磷脂的亲水部分排在膜的外侧，疏水部分排在膜的内侧。细胞膜是一层半透膜，能够从外界吸收营养物质，也能够防止细胞质中低分子化合物的泄漏及代谢产物在细胞内的过量积累。

3. 细胞核

酵母菌具有由多孔核膜包裹的定形细胞核，上面有大量的核孔，是其遗传信息的主要储存库。除细胞核外，在酵母的线粒体和环状的"2μm质粒"中也含有DNA。线粒体中的DNA是一个环状分子，类似于原核生物中的染色体，可以相对独立地进行复制。2μm质粒是1967年在啤酒酵母中发现的，为闭合环状超螺旋DNA分子，长约2μm（6kb），可以作为外源DNA片段的载体，以组建"工程菌"等。

4. 细胞质

细胞质位于细胞膜和细胞核之间，是透明、黏稠、不断流动的溶胶，内含丰富的酶类、各种内含物及代谢产物，是细胞进行代谢活动的主要场所。

5. 液泡

在成熟的酵母细胞中经常能观察到一个或多个大小不等的液泡，内含水解酶、聚磷酸、类脂以及金属离子等，起着调节渗透压的作用。

6. 线粒体

在有氧的条件下，酵母菌细胞内会形成许多的线粒体，外形呈杆状或球状，由双层膜单位构成，内膜经折叠后形成嵴，其上分布着参与电子传递和氧化磷酸化的酶，是细胞进行氧化磷酸化的场所。

7. 内质网

内质网是分布在整个细胞中的由膜构成的管道和网状结构，起着物质传递的作用，还能合成脂类和脂蛋白。

8. 核糖体

核糖体分布在内质网上，负责细胞内蛋白质的合成。

（三）酵母菌的繁殖

酵母菌的繁殖方式有多种类型。与原核细胞相比，酵母菌除了能进行无性繁殖外，还能进行有性繁殖。只进行无性繁殖的酵母菌称为假酵母，能进行有性繁殖的酵母菌称为真酵母，繁殖方式对酵母菌的鉴定极为重要。

1. 无性繁殖

（1）芽殖

芽殖是酵母菌最常见的繁殖方式。在良好的营养和生长条件下，酵母生长迅速，细胞核邻近的中心体产生一个小突起，同时，由于水解酶对细胞壁多糖的分解使细胞壁变薄，细胞表面向外突出，逐渐冒出小芽。然后，部分增大和伸长的核、细胞质、细胞器（如线粒体等）进入芽内，最后芽细胞从母细胞得到一整套核物质、线粒体、核糖体、液泡等，当芽体达到最大体积时，它与母细胞相连部位形成了一块隔壁。最后，母细胞与子细胞在隔壁处分离，成为一独立的细胞（图2-11）。于是，在母细胞上就留下一个芽痕，而在子细胞上就相应地留下一个蒂痕。一个细胞只能有一个蒂痕，可以有许多个芽痕，可以通过芽痕的数目，判断酵母菌的年龄。出芽方式有单边出芽、两端出芽、三边出芽和多边出芽。

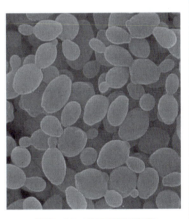

图2-11　酵母菌的芽殖

（2）裂殖

酵母菌的裂殖与细菌的裂殖相似。其过程是细胞伸长，核分裂为二，然后细胞中央出现隔膜，将细胞横分为两个相等大小的、各具有一个核的子细胞。进行裂殖的酵母菌种类很少，例如裂殖酵母属的八孢裂殖酵母等。

（3）产生无性孢子

掷孢子是掷孢酵母属等少数酵母菌产生的无性孢子，外形呈肾状。这种孢子是在卵圆形的营养细胞上生出的小梗上形成的。孢子成熟后，通过一种特有的喷射机制将孢子射出而繁殖。此外，有的酵母如白假丝酵母等还能以在假菌丝的顶端产生厚垣孢子或者掷孢子的方式进行无性繁殖。

2. 有性繁殖

酵母菌是以形成子囊和子囊孢子的方式进行有性繁殖的。不同种类的酵母菌通过有性繁殖形成的子囊结构并不完全相同,在形态上有较大的差异。子囊内产生子囊孢子,子囊孢子的数目也随菌种而异,有的为 4 个,有的为 8 个。它们一般通过邻近的两个性别不同的细胞各自伸出一根管状的原生质突起,然后相互接触,局部融合并形成一个通道,再通过质配、核配和减数分裂,形成子核,每一个子核与其附近的原生质结合,在其表面形成一层孢子壁后,就形成了一个子囊孢子,而原有的营养细胞就成了子囊。由于多数酵母菌都能以子囊孢子进行有性繁殖,故子囊菌亚门中的酵母菌种类最多。

互动讨论

酿酒酵母、八孢裂殖酵母、路德类酵母的生活史是否一样?各有何特点?

(四)酵母菌的菌落

酵母菌为单细胞微生物,细胞较粗短,细胞间充满毛细管水,故大多数酵母菌的菌落特征与细菌的类似,表面光滑、湿润、黏稠,容易挑起,质地均匀,正面和反面、中央和边缘的颜色一致,但比细菌菌落大,而且厚。酵母菌菌落颜色比较单调,多为乳白色,少数为红色,个别为黑色。另外,凡不产生假菌丝的酵母菌,其菌落更为隆起,边缘圆整,而会产生假菌丝的酵母,则菌落较平坦,表面和边缘较粗糙。酵母菌的菌落一般还会散发出一股悦人的酒香味。

知识拓展

水果只坏了一点,要不要切掉坏的部分继续吃?

我们能看见的水果坏的部分是常见的霉菌菌丝,去掉的部分其实是霉菌菌丝的一部分,因为霉菌菌丝及其产生的毒素能在腐烂的水果果肉中蔓延,也就是说在肉眼看不到的地方仍有霉菌存在,而霉菌产生的毒素也会在食物里扩散。简单来说食物内部的霉菌和毒素是洗不掉的,即使切掉了发霉变质的部分,剩下看起来完好的食物也很可能藏满了霉菌和毒素,它们的数量可能比新鲜水果高许多倍。

有人说用加热的方法可以杀死霉菌,部分霉菌的确如此,但很多顽强的毒素可以扛住加热的考验,比如致癌性极强的黄曲霉毒素,温度达到 280℃ 以上它才能分解。所以坏了一半的水果,把霉变的部分切下,剩下的部分即使经过加热也不能食用。勤俭节约是美德,可要是把身体吃坏了就得不偿失了。

工作任务

任务一 正确使用显微镜

【任务概述】

微生物个体微小,需要借助于显微镜才能观察到其形态特点,因此镜检是微生物检验工作中需要具备的基本技能,作为检验人员,请了解显微镜的结构并学会使用。

【任务要求】

① 了解显微镜的结构及各部分功能。
② 能够熟练使用显微镜进行微生物显微观察。
③ 在练习使用显微镜的过程中培养迎难而上的劳动精神。

【任务实施】

一、任务分析

了解显微镜的结构并学会使用,需要明确以下问题:
① 显微镜的结构包括哪些部分?有何作用?
② 如何使用显微镜?
③ 各类型微生物形态有何特点?

二、材料准备

显微镜、微生物玻片标本、香柏油、二甲苯、擦镜纸等。

三、实施步骤

(一)熟悉显微镜各部分名称,说出其功能

显微镜是利用光线照明使微小物体形成放大物像的仪器。普通光学显微镜是光学显微镜中最常用的一种,其构造由机械部分和光学部分组成(图2-12)。

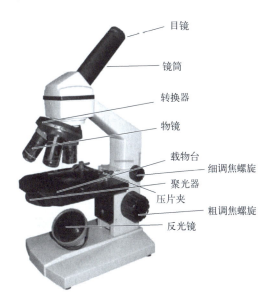

图2-12 光学显微镜结构图

1. 机械部分

显微镜的机械部分包括镜座、镜臂、镜筒、载物台、转换器、压片夹、粗调焦螺旋、细调焦螺旋等部件,其作用是保证光学系统的准确性与灵活调控。

① 镜座:位于显微镜的底部,呈马蹄形、长方形或三角形,起支撑整个显微镜的作用。

② 镜臂:位于镜筒的后面,呈弓形,连接镜座和镜筒之间的部分,是搬挪显微镜

时的握持部位。

③ 镜筒：位于显微镜前上方的空心圆筒，是光线的通道。镜筒上接目镜，下接转换器，形成目镜与物镜间的暗室，有单筒式和双筒式，也有直筒式和斜筒式。

④ 物镜转换器：固定于镜筒下端，是一个可以旋转的圆盘，有3~4个物镜圆孔，用于安放不同放大倍数的物镜，不同物镜之间的切换要通过转动物镜转换器来实现。

⑤ 载物台：是用来放置标本的，通常有圆形和方形两种。载物台中间有一个通光孔，还有用来固定标本的压片夹和控制标本移动的推动器。推动器是由一横一纵两个推进齿轴的金属架组成的，可以实现标本的前后左右移动。

⑥ 调焦螺旋：是用来调节载物台和镜筒距离的装置，有粗调焦螺旋和细调焦螺旋。粗调焦螺旋用来做粗略的调节，可以使载物台大幅度上升或下降，适用于低倍镜的观察。细调焦螺旋能使载物台在较小的幅度范围内调节，一般在使用粗调焦螺旋后再使用细调焦螺旋进行微调，适用于高倍镜和油镜的观察。

2. 光学部分

显微镜的光学系统由物镜、目镜、聚光器、反光镜（电光源）等组成。光学系统能使物体放大，形成物体放大像，是显微镜的核心部分。

① 目镜：安装在镜筒的上端，由上下两组透镜组成，其作用是将由物镜形成的实像进一步放大，形成虚像进入眼帘，不增加分辨率。每台显微镜通常配置2至3个不同放大倍率的目镜，常用的有5×、10×和15×（×表示放大倍数），可根据不同需要选择使用，最常使用的是10×目镜。

② 物镜：安装在物镜转换器上，每台显微镜通常配置3至4个不同放大倍率的物镜。每个物镜由数片凸透镜和凹透镜组合而成，是显微镜最主要的光学部件，决定着分辨率的高低。根据放大倍数的不同，物镜可分为低倍物镜、高倍物镜和油镜，放大倍数分别为"10×""40×""100×"。

油镜上一般刻有"油"或"Oil"字样，在使用时需要滴加香柏油作为介质。油镜的透镜和镜孔较小，光线要通过载玻片和空气才能进入物镜中，而玻璃与空气的折光率不同，使部分光线因产生折射而损失掉，导致进入物镜的光线减少，而使视野暗淡，物像不清。在玻片标本和油镜之间填充折射率与玻璃近似的香柏油可减少光线折射，增加视野亮度，提高分辨率。物镜分辨率的大小取决于物镜的镜口率，其数值越大表示分辨率越高。

③ 聚光器：又叫集光器，位于载物台下方，主要由聚光镜、孔径光阑、滤光镜等组成，聚光镜由许多透镜组成，其作用相当于凸透镜，能会聚由反光镜反射而来的光线，使光线集中于载玻片上。聚光器可以通过上下移动光栅来调节所需亮度。

④ 反光镜：位于聚光器下方，是一个可以转动的，具有平面和凹面两面的双面镜，能将来自不同方向的光线反射到聚光器中。平面镜反射光线的能力较弱，适用于光线较强的环境下；凹面镜反射光线的能力较强，适用于光线较弱或有散射光的环境。新式显微镜常以电光源代替反光镜，有的二者都配置。

（二）显微镜的使用

1. 显微镜的准备

将显微镜从显微镜柜中取出，一手紧握镜臂，另一只手托住镜座，放于实验台略偏左的位置，镜座离实验台边缘约10cm。坐姿要端正，单目显微镜一般用左眼观察，右

显微镜的使用技术

眼进行记录或绘图。

2. 对光

调节物镜转换器使低倍镜对准通光孔，打开光圈并使聚光器上升到合适位置，调节反光镜，使光线均匀照射在反光镜上（若是电光源显微镜，只需打开照明光源）。用左眼观察目镜中视野的亮度，转动反光镜，使视野内光线均匀，亮度适中。当光线较强时，用平面镜，光线较弱时，则用凹面镜。自带光源的显微镜，可通过调节电流旋钮来调节光照强弱。对光时应避免直射光源，否则会影响物像的清晰度，并损坏光源装置和镜头，还会刺激眼睛。

3. 放置标本

将标本放在载物台上，使有菌的一面朝上，用压片夹夹住，移动推动器，使待观察部位对准通光孔。

4. 低倍镜观察

镜检时需先用低倍镜观察，因为低倍镜视野较大，易于发现目标并确定检查的位置。转动粗调焦螺旋将物镜调至接近标本处，同时用眼睛从侧面观察镜头和标本的距离，避免距离太近压碎标本。用目镜进行观察，同时用粗调焦螺旋慢慢下降载物台，直至视野中出现物像，然后改用细调焦螺旋微调，直至物像清晰。用推动器移动标本片，找到需要进一步观察的区域，将其移到视野中央，准备用高倍镜观察。

5. 高倍镜观察

转动物镜转换器将高倍镜转到工作状态，即对准通光孔，若视野变暗，可以适当调节聚光器，此时目镜中一般会出现不太清晰的物像，用细调焦螺旋微调后，便可以出现清晰的物像。将需要观察的部位移至视野中央，准备用油镜进行观察。

6. 油镜观察

将聚光器的光圈开至最大，用物镜转换器将高倍镜转出，在标本的镜检部位滴一滴香柏油，再将油镜镜头转到工作状态。从侧面观察，此时油镜镜头一般应浸没在香柏油中并几乎与标本相接。通过目镜观察，使用细调焦螺旋小心而缓慢地调节，直至物像清晰为止。如油镜已离开油面而仍未见到物像，需重复上述操作。

观察结束后先下降载物台，取出标本，再转动物镜转换器将油镜镜头转出。然后先用擦镜纸擦去镜头上的香柏油，再用擦镜纸蘸少许二甲苯擦去镜头上残留的油迹，最后再用擦镜纸擦拭干净即可。

7. 显微镜复原

将各部分还原，转动物镜转换器使物镜镜头呈"八"字形摆放，再将载物台下降至最低，降下聚光器，避免物镜与聚光器发生碰撞，然后用柔软纱布清洁载物台等机械部分，最后盖上防尘罩。

8. 使用注意事项

① 显微镜取放时必须一手握臂、一手托座，不可单手提取，以免零件脱落或碰撞到其他地方。

② 显微镜的光学部分不可用纱布、手帕、纸张或手指揩擦，以免磨损镜面，必要时可用擦镜纸轻轻擦拭。

③ 不可随意拆卸显微镜上的零部件，以防损坏或使灰尘落入镜筒内。

④ 用显微镜观察时要养成两眼同时睁开的习惯，通常用左眼观察，右眼看着绘图。

⑤ 当用二甲苯擦镜头时，用量要少，不宜久抹，以防黏合透镜的树脂被溶解。

⑥ 显微镜使用完毕后，必须恢复原样才能放回镜箱内。

⑦ 显微镜要存放在干燥的地方，严禁与挥发性或腐蚀性药品放在一起，应避免阳光暴晒，并且远离热源。

【实施报告】

将微生物玻片观察结果填入下表。

显微镜的使用报告

检验项目		检验日期	
样品名称		样品来源	
微生物类型			
放大倍数			
油镜下微生物形态			
微生物类型			
放大倍数			
油镜下微生物形态			
备注			

检验员：　　　　　　　　　　　　　　　日期：

复核人：　　　　　　　　　　　　　　　日期：

【巩固提升】
① 如何区分低倍镜、高倍镜和油镜？
② 如何能够迅速在高倍镜或油镜下找到待观察的微生物？
③ 如何判断视野中的图像是标本中的微生物还是镜头上的污点？
④ 作为微生物检验员，应如何做好显微镜的日常维护？

【任务评价】

显微镜使用操作评价表

项目	评分标准	得分
实验准备	工作服穿戴整齐（2分）	
	实验试剂耗材准备齐全（3分）	
认识显微镜	准确说出显微镜各部分名称（5分）	
	准确说出显微镜各部分作用（5分）	
使用显微镜	显微镜取放姿势准确（2分）	
	显微镜放置位置合适（3分）	
	对光，调节视野呈明亮的亮黄色（10分）	
	标本放置准确，待观察部分对准通光孔（5分）	
	低倍镜观察，低倍镜头选择准确，用粗调焦螺旋进行调节，两眼同时睁开观察（10分）	
	高倍镜观察，用转换器转换镜头，高倍镜头选择准确，用细调焦螺旋进行调节，视野中物像清晰（10分）	
	油镜观察，香柏油滴加准确，油镜镜头选择准确，用细调焦螺旋进行调节，视野中物像清晰（10分）	
	显微镜复原，降低载物台，取下标本，用二甲苯和擦镜纸擦拭镜头，物镜转成"八"字形，聚光器下降，套上防尘罩，放回原处（10分）	
报告填写	报告填写认真、字迹清晰（5分）	
	微生物形态绘制准确（10分）	
素质养成	不断尝试，不怕失败，具有迎难而上的劳动精神（10分）	
备注		
总得分		

任务二 真菌形态的观察

【任务概述】

酵母和霉菌是食品加工中常用的菌种，也在一定程度上决定了很多食品的质量。请通过显微镜观察并识别酵母和霉菌。

【任务要求】

① 掌握酵母和霉菌形态结构特点。
② 能够熟练使用显微镜观察酵母和霉菌的形态。
③ 培养严谨的实验态度。

【任务实施】

一、任务分析

通过显微镜观察并识别酵母和霉菌,需要明确以下问题:
① 酵母和霉菌的常见类型有哪些?其形态有何特点?
② 酵母和霉菌的玻片应如何制作?

二、材料准备

啤酒酵母、假丝酵母、毛霉、青霉菌种、显微镜、载玻片、盖玻片、接种环、解剖针、酒精灯、二甲苯、香柏油、乳酸石炭酸棉蓝液、50%乙醇、擦镜纸等。

三、实施步骤

1. 制片

(1)酵母制片

取一洁净载玻片,在中央滴加1滴无菌生理盐水,按无菌操作用接种环挑取少量酵母与生理盐水混匀,使其分散成一薄层。取一洁净盖玻片,将其一边与菌液接触,以45°角缓慢放下,覆盖菌液,注意不要产生气泡。

(2)霉菌制片

取一洁净载玻片,在中央滴加1滴乳酸石炭酸棉蓝液,用解剖针从霉菌菌落边缘处取少量带有孢子的菌丝,先置于50%乙醇中浸一下,洗去脱落的孢子,再放置于载玻片的染色液中,用解剖针细心地将菌丝挑散开,小心地盖上盖玻片,注意不要产生气泡。

2. 镜检

分别在低倍镜、高倍镜和油镜下观察酵母和霉菌的形态。

3. 结果记录

分别绘制油镜下四种菌种的形态。

【实施报告】

将观察到的菌落特征记录在下表中。

真菌形态的观察报告

检验项目		检验日期	
样品名称		样品来源	
微生物类型			
放大倍数			

续表

油镜下微生物形态		
微生物类型		
放大倍数		
油镜下微生物形态		
备注		

检验员：　　　　　　　　　　　　　　　　日期：
复核人：　　　　　　　　　　　　　　　　日期：

【巩固提升】

① 酵母和细菌形态的区别有哪些？
② 不同类型的霉菌形态各有何特点？

【任务评价】

考核内容	评价标准	打分
实验准备	工作服穿戴整齐（2分）	
	观察用品准备齐全（3分）	
制作玻片	酵母菌制片操作准确（10分）	
	霉菌制片操作准确（10分）	
	无菌操作准确（10分）	
	盖玻片放置准确，玻片无气泡（10分）	

模块二　微生物的观察

续表

考核内容	评价标准	打分
镜检	准确使用低倍镜观察（5分）	
	准确使用高倍镜观察（5分）	
	准确使用油镜观察（10分）	
	使用完毕清洁镜头并复原（5分）	
实验整理	正确处理观察完毕的菌落平板（3分）	
	整理并打扫实验台（2分）	
报告填写	报告填写认真、字迹清晰（5分）	
	菌落类型识别准确（10分）	
素质养成	具有实事求是的科学态度，如实记录实验结果（10分）	
备注		
合计		

任务三　微生物菌落形态的比较和识别

【任务概述】

实验室现有四种微生物培养形成的菌落，根据菌落特点判断是何种菌形成的菌落。

【任务要求】

① 熟悉常见类型微生物的菌落特征。
② 能够观察并描述菌落并根据特点进行菌种类型判断。
③ 培养实事求是的科学态度。

【任务实施】

一、任务分析

根据菌落特点判断菌种类型，需要明确以下问题：
① 微生物常见类型有哪些？
② 不同类型微生物的菌落有何特点？如何进行区分？

二、材料准备

枯草芽孢杆菌菌落、酿酒酵母菌落、细黄链霉菌菌落、青霉菌落。

三、实施步骤

1. 初步判断

根据菌落的大小、颜色及表面状况，初步判断菌落是属于细菌类、放线菌类、霉菌类还是酵母菌类。

2. 细致观察

① 菌落的表面形态：光滑、丝状、褶皱、放射状、假根状、标点状等。

② 菌落的突起情况：扁平、隆起、枕状、凸透镜状、脐突状等。
③ 菌落的边缘情况：完整、波形、裂叶状、卷曲状、锯齿形等。
④ 透明度：透明、半透明、不透明等。
⑤ 颜色：正反面的颜色、中心与边缘的颜色等。

3. 结果记录

将观察到的菌落特征如实、详细记录。

【实施报告】

将观察到的菌落特征记录在下表中。

微生物菌落特征观察与识别报告

检验项目			检验日期	
样品名称			样品来源	
项目	1	2	3	4
表面				
突起				
边缘				
透明度				
颜色				
菌落判断				
备注				

检验员：　　　　　　　　　　　　　　日期：
复核人：　　　　　　　　　　　　　　日期：

【巩固提升】

① 应从哪几个方面对菌落进行描述？
② 细菌、放线菌、霉菌和酵母菌形成的菌落各有何特点？

【任务评价】

微生物菌落特征观察与识别评价表

考核内容	评价标准	打分
实验准备	工作服穿戴整齐（3分）	
	观察用品准备齐全（7分）	
菌落描述	菌落表面形态描述准确（10分）	
	菌落突起情况描述准确（10分）	
	菌落边缘情况描述准确（10分）	
	菌落透明度描述准确（10分）	
	菌落颜色描述准确（10分）	
实验整理	正确处理观察完毕的菌落平板（3分）	
	整理并打扫实验台（2分）	

续表

考核内容	评价标准	打分
报告填写	报告填写认真、字迹清晰（5分）	
	准确记录各菌落特征（10分）	
	菌落类型识别准确（10分）	
素质养成	具有实事求是的科学态度，如实记录实验结果（10分）	
备注		
合计		

项目二

微生物染色观察

案例引导

细菌的细胞小而透明，在普通的光学显微镜下不易识别，需经过染色使菌体和背景形成明显的色差，从而能更清楚地观察到其形态和结构。在医学检验中，常根据细菌的革兰氏染色性质缩小鉴定范围，有利于进一步分离鉴定，对疾病做出诊断。

思考：如何对微生物进行染色？常用的染色方法有哪些？

知识脉络

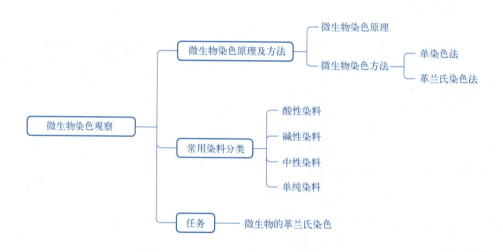

知识：①熟悉微生物的染色方法。
②掌握革兰氏染色法。
技能：①能够对微生物进行染色观察。
②能够根据染色结果对微生物进行鉴别。
素养：①培养精益求精的工匠精神。
②培养一丝不苟、严谨认真的科学精神。

知识准备

一、微生物染色原理及方法

（一）微生物染色原理

微生物染色是借助物理因素和化学因素的作用而进行的。物理因素如细胞及细胞物质对染料的毛细现象、渗透及吸附作用等。化学因素则是根据细胞物质和染料的不同性质而发生的各种化学反应。酸性物质对于碱性染料较易吸附，且吸附作用稳固；同样，碱性物质对于酸性染料较易吸附。如细胞核显酸性，对于碱性染料就有化学亲和力，易于吸附。但是，要使酸性物质染上酸性染料，必须把它们的化学形式加以改变（如改变pH），才利于吸附作用的发生。相反，碱性物质（如细胞质）通常仅能染上酸性染料，若把它们变为适宜的化学形式，也同样能与碱性染料发生吸附作用。

细菌的等电点较低，大都在2~5之间，故在中性、碱性或弱酸性溶液中，菌体蛋白质电离后带负电荷；而碱性染料电离时染料离子带正电荷，带负电荷的细菌和带正电荷的碱性染料进行结合。所以，在细菌学上常用碱性染料进行染色。

（二）微生物染色方法

微生物染色方法一般分为单染色法和复染色法两种。前者用一种染料使微生物染色，但不能鉴别微生物。复染色法是用两种或两种以上染料，有协同鉴别微生物的作用，故亦称鉴别染色法。常用的复染色法有革兰氏染色法和抗酸性染色法，此外还有鉴别细胞各部分结构（如芽孢、鞭毛、细胞核等）的特殊染色法。食品微生物检验中常用的是单染色法和革兰氏染色法。

1. 单染色法

用一种染色剂对涂片进行染色，简便易行，适于进行微生物的形态观察。在一般情况下，细菌菌体多带负电荷，易于和带正电荷的碱性染料结合而被染色。因此，常用碱性染料进行单染色，若使用酸性染料，必须降低染液的pH值，使其呈现强酸性（低于细菌菌体等电点），让菌体带正电荷，才易于被酸性染料染色。

2. 革兰氏染色法

1884年由丹麦医师革兰（Gram）创立，是细菌学中广泛使用的一种鉴别染色法。细菌先经碱性染料结晶紫染色，而经碘液媒染后，用酒精脱色，在一定条件下有的细菌紫色不被脱去，有的可被脱去，为观察方便，脱色后再用一种红色染料如碱性番红等进行复染。因此可把细菌分为两大类，一类是染色后细胞呈紫色的革兰氏阳性菌（G^+），另一类是染色后细胞呈红色的革兰氏阴性菌（G^-）。有芽孢的杆菌和绝大多数球菌，以及所有的放线菌和真菌都呈革兰氏阳性反应；弧菌、螺旋体和大多数致病性的无芽孢杆菌都呈现革兰氏阴性反应。

> **互动讨论**
>
> 经革兰氏染色脱色步骤后，为什么革兰氏阴性菌被脱去了紫色，而革兰氏阳性菌依然保持着紫色？

革兰氏染色法之所以能将细菌分为两类，主要是由于这两类菌的细胞壁结构（图2-13）和成分（表2-2）不同。

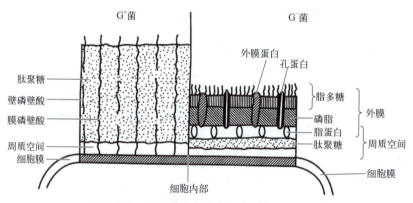

图2-13　G^+细菌和G^-细菌的细胞壁结构比较

表2-2　G^+细菌和G^-细菌的细胞壁成分比较

项目	G^+细菌	G^-细菌
细胞壁厚度/mm	20.0～80.0	10.0～15.0
肽聚糖	层数多，厚度大	层数少，厚度薄
磷壁酸	多数含有	无
外膜	无	有
壁膜间隙	很薄	较厚
对青霉素、溶菌酶敏感性	敏感	不够敏感

G^+细菌细胞壁较厚且具有致密的肽聚糖层，可达20多层，占细胞壁干重的40%～90%，同细胞膜的外层紧密相连；化学结构简单，一般含有90%的肽聚糖和10%的磷壁酸。肽聚糖是由若干肽聚糖单体聚合而成的多层网状结构大分子化合物，由N-

乙酰葡萄糖胺、N-乙酰胞壁酸和四肽链组成。磷壁酸是甘油和核糖醇的聚合物，通常以酸性多糖或磷酸核糖醇的形式存在。磷壁酸带有负电荷，在细胞表面能调节阳离子浓度。磷壁酸与细胞生长有关，细胞生长中有自溶素可分解细胞某些结构组分，磷壁酸对自溶素有调节功能，从而阻止细胞壁过度降解和自溶。

G^-细菌细胞壁比G^+细菌细胞壁薄，层次更多，成分复杂，肽聚糖层少，机械性能弱。G^-细菌细胞壁分为外膜和肽聚糖层，在细胞壁和细胞膜之间有一个明显的空间被称为壁膜间隙。外膜的基本成分是脂多糖，还有磷脂、多糖和蛋白质。外膜是个三层结构，外层是脂多糖，中间是磷脂，内层是脂蛋白。G^-细菌细胞壁的肽聚糖层很薄，在大肠杆菌和其他细菌中仅有单层，肽聚糖层和外膜的内层之间通过脂蛋白连接起来。壁膜间隙中有一层薄的肽聚糖处于其间，肽聚糖层和细胞膜之间的间隙较宽，不同细菌的壁膜间隙不同。壁膜间隙中含有三类蛋白质：水解酶，催化物质的初步降解；结合蛋白，启动物质转运过程；化学受体，在趋化性中起作用的蛋白。

细菌的不同显色反应主要是细胞壁对乙醇的通透性和抗脱色能力的差异造成的。细菌细胞经结晶紫染色，用碘液处理后，形成了较大分子的不溶性结晶紫和碘的复合物，乙醇能使它溶解，所以染色的前两步结果是一样的。在G^+细菌细胞中，乙醇还能使厚的交联度较大的肽聚糖层脱水，导致细胞壁上孔隙变小，由于结晶紫和碘的复合物分子太大，不能通过细胞壁孔隙，细胞保持紫色。在G^-细菌细胞中，乙醇处理不但溶解破坏了细胞壁外膜的脂质，还可能损伤薄的且交联度较差的肽聚糖层和细胞膜，于是被乙醇溶解的结晶紫和碘的复合物从细胞中渗漏出来，当再用染色液复染时，就呈现出番红（或复红）的红色。

二、常用染料分类

染料可按其电离后染料离子所带电荷的性质，分为酸性染料、碱性染料、中性（复合）染料和单纯染料四大类。

1. 酸性染料

这类染料电离后染料离子带负电，如伊红、刚果红、藻红、苯胺黑、苦味酸和酸性复红等，可与碱性物质结合成盐。当培养基因糖类分解产酸使pH下降时，细菌所带的正电荷增加，这时选择酸性染料，易被染色。

2. 碱性染料

这类染料电离后染料离子带正电，可与酸性物质结合成盐。微生物实验室一般常用的碱性染料有美蓝、甲基紫、结晶紫、碱性复红、中性红、孔雀绿和番红等，在一般的情况下，细菌易被碱性染料染色。

3. 中性染料

酸性染料与碱性染料的结合物叫中性（复合）染料，如瑞氏（Wright）染料和吉姆萨（Gimsa）染料等，后者常用于细胞核的染色。

4. 单纯染料

这类染料的化学亲和力低，不能和被染的物质生成盐，其染色能力视其是否溶于被染物而定，因为它们大多数属于偶氮化合物，不溶于水，但溶于脂肪溶剂中，如紫丹类的染料。

知识拓展

天然色素新来源——微生物

天然色素具有安全无毒性、无致癌性和可生物降解等特点。随着各国对绿色环保产品的追求，天然色素在市场上的需求逐年增加，单单依靠从动植物中提取已经不能满足人们的需求。微生物色素是微生物的一种次级代谢产物，颜色丰富，有红、橙、黄、绿、青、紫、黑、棕等各种颜色。微生物色素可以分为水溶性和非水溶性色素两种。与其他天然染料相比，微生物色素的生产周期短，成本低廉，更易于工业化生产。

微生物染色常用的方法有两种。一是萃取染色法，就是用液体培养基培养微生物，使之代谢出大量的色素，并经过分离、萃取和浓缩的过程，得到色素溶液。所得色素溶液既可以直接作为染液使用，也可以被制成色素粉末使用。萃取液染色法的优点是适用范围广，易于工业化生产，缺点是提取工艺烦琐，成本较高。二是菌体染色法，一种是液体发酵培养液，当微生物代谢出大量色素时，直接将无菌织物放入培养液中培养染色；另一种是固体琼脂培养基，经过一段时间培养，微生物代谢出大量色素时，将菌体和培养基内加入水，煮沸，然后再将织物在80℃条件下染色。菌体染色法的优点是工艺简单，省时省力，易于操作，缺点是不适用于产生非水溶性色素的微生物。

工作任务

任务　微生物的革兰氏染色

【任务概述】

实验室有两管菌种，分别是枯草芽孢杆菌和大肠杆菌，作为检验人员，请利用革兰氏染色方法进行菌种鉴别。

【任务要求】

① 熟悉革兰氏染色原理。
② 能够熟练进行操作，根据染色结果判断细菌类别。
③ 严格执行无菌操作，增强无菌意识和安全意识。

【任务实施】

一、任务分析

利用革兰氏染色方法进行菌种鉴别，需要明确以下问题：
① 革兰氏染色过程是什么？需要哪些试剂？
② 革兰氏染色的关键步骤是哪一步？
③ 枯草芽孢杆菌和大肠杆菌的染色结果应该是什么，如何进行判断？

二、材料准备

枯草芽孢杆菌、大肠杆菌、显微镜、香柏油、二甲苯、擦镜纸、接种环、酒精灯、载玻片、盖玻片、无菌水、吸水纸、大镊子、废液缸等。

草酸铵结晶紫染液、革兰氏碘液、95%乙醇、番红染液。

三、实施步骤

（一）制片

1. 涂片

取一洁净载玻片，先滴一小滴无菌水于载玻片中央，然后用接种环以无菌操作的方式取少量菌体轻轻混入水中，涂成一薄层，一般涂层直径以 1cm 大小范围为宜，并使细胞均匀分散。

2. 干燥

在空气中令其自然干燥，或在酒精灯上稍微加热，使之迅速干燥。

3. 固定

把涂有细菌的面朝上，在酒精灯火焰上通过 3 次，以杀死菌体细胞及改变其对染色剂的通透性，同时使涂片的菌体紧贴载玻片，不易脱落。

（二）革兰氏染色

1. 初染

滴加草酸铵结晶紫染液，以刚好将菌膜覆盖为宜，染色 1～2min，倾去染色液，细水冲洗至洗出液为无色。

2. 媒染

用革兰氏碘液媒染约 1min，水洗。

3. 脱色

用滤纸吸去玻片上的残水，将玻片倾斜，在白色背景下，用滴管流加 95% 乙醇脱色，直至流出的乙醇无紫色时，立即水洗，终止脱色，将载玻片上的水甩净。也可将 95% 乙醇滴加于菌膜上，不停晃动，使乙醇与菌膜充分接触，脱色 20～30s。乙醇脱色是革兰氏染色操作的关键环节。脱色不足，阴性菌会被误染成阳性菌；脱色过度，阳性菌会被误染成阴性菌。

4. 复染

在涂片上滴加番红染液复染 1～2min，水洗，然后用吸水纸吸干。

5. 镜检

干燥后，用油镜观察，判断两种菌体染色反应性。菌体被染成紫色的是革兰氏阳性菌（G^+），被染成红色的为革兰氏阴性菌（G^-）。

6. 清理

清洁显微镜，先用擦镜纸擦去镜头上的香柏油，然后再用擦镜纸蘸取少量二甲苯，擦去镜头上的残留油迹，最后用擦镜纸擦去残留的二甲苯。染色玻片用洗衣粉水煮沸、清洗、晾干后备用。

（三）注意事项

① 制片要薄，涂片时生理盐水和取菌量不宜过多，涂片应尽可能"薄、匀、散"。

② 火焰固定，不宜过热，以玻片不烫手为宜，否则菌体细胞容易变形。

革兰氏染色技术

③ 染色过程中要严格控制各试剂的作用时间，尤其是用乙醇脱色的时间。乙醇脱色时间过长，革兰氏阳性菌也可被脱色，最终染成红色，造成假阴性；而脱色时间过短，革兰氏阴性菌可染成紫色造成假阳性。

④ 染色的时间应根据季节、气温调整，一般冬季时间可稍长些，夏季稍短些。

⑤ 碘液配制后应装在密闭的棕色瓶内贮存。如因贮存不当，试剂由原来的红棕色变成淡黄色，则不宜再用。

⑥ 菌种宜选用幼龄的细菌，革兰氏阳性菌一般培养12～16h，大肠杆菌培养24h为宜，若菌龄太老，菌体死亡或自溶常使革兰氏阳性菌转成阴性。

【实施报告】

将革兰氏染色结果填入下表。

革兰氏染色报告

检验项目		检验日期	
样品名称		样品来源	
放大倍数			
油镜下微生物形态			
染色结果			
结论			
备注			

检验员：　　　　　　　　　　　　　　　日期：
复核人：　　　　　　　　　　　　　　　日期：

【巩固提升】

① 为什么 G^+ 细菌会被染成紫色，G^- 细菌会被染成红色？

② 比较革兰氏染色过程中 G^+ 细菌和 G^- 细菌的颜色变化。
③ 分析革兰氏染色过程中的关键步骤并解释原因。
④ 革兰氏染色时,为什么不能使用菌龄太老的细菌?

【任务评价】

革兰氏染色操作评价表

考核内容	评价标准	打分
实验准备	工作服穿戴整齐(2分)	
	实验试剂耗材准备齐全(3分)	
革兰氏染色	涂片,载玻片干净无油迹,取菌量适宜,涂片均匀,菌膜厚度适宜(3分)	
	无菌操作,手部进行消毒,在酒精灯火焰旁操作,接种环正确灭菌,试管口过火(5分)	
	热固定要迅速,温度不宜过高,以载玻片背面不烫手为宜(2分)	
	初染,染液刚好覆盖菌膜,染色时间合理,水洗操作准确(5分)	
	媒染,染液刚好覆盖菌膜,染色时间合理,水洗操作准确(7分)	
	脱色,脱色时间合理,菌膜没有被冲洗掉(10分)	
	复染,染液刚好覆盖菌膜,染色时间合理,水洗操作准确(8分)	
	干燥,吸水纸吸干时不能擦掉菌体(3分)	
	镜检,先用低倍镜观察,再用高倍镜观察,然后在油镜下观察染色后的细菌形态和所染成的颜色(10分)	
结果记录	观察,如实绘制油镜下观察到的微生物形态,并注明染色结果(7分)	
	判断,结果判断准确(5分)	
实验整理	显微镜复原,用二甲苯擦拭油镜镜头,然后再用擦镜纸擦拭,将镜头转成"八"字形,载物台下降到最低,盖上防尘罩(3分)	
	整理实验台,清理使用的耗材,试剂放回原处,打扫实验台(2分)	
报告填写	报告填写认真、字迹清晰(5分)	
	染色结果准确(10分)	
素质养成	严格执行无菌操作,具有无菌意识和安全意识(10分)	
备注		
合计		

自我评价

一、知识巩固(选择题)

1. 放线菌具吸收营养和排泄代谢产物功能的菌丝是(　　)。
   A. 基内菌丝　　B. 气生菌丝　　C. 孢子丝　　D. 二级菌丝
2. 显微镜的目镜放大倍数为10倍,物镜的放大倍数为50倍,则物体被放大了(　　)倍。
   A. 60　　　　B. 500　　　　C. 10　　　　D. 50
3. 下列微生物中,属于 G^- 的细菌是(　　)。

  A. 保加利亚乳杆菌   B. 嗜热链球菌
  C. 大肠杆菌   D. 枯草杆菌

4. 革兰氏阴性细菌染色后呈（　　）色。
  A. 紫   B. 红   C. 蓝   D. 透明

5. 细胞膜的基本组成单位是（　　）。
  A. 脂多糖   B. 磷壁酸   C. 磷脂双分子层   D. 肽聚糖

6. 革兰氏染色的关键步骤是（　　）。
  A. 初染   B. 媒染   C. 脱色   D. 复染

7. 人类第一种家养的微生物是（　　）。
  A. 大肠杆菌   B. 枯草杆菌   C. 酵母   D. 黄曲霉

8. 革兰氏染色复染使用的染料是（　　）。
  A. 碘液   B. 结晶紫   C. 番红   D. 乙醇

9. 不属于革兰氏阳性细菌细胞壁特点的是（　　）。
  A. 细胞壁较厚，具有致密的肽聚糖层
  B. 细胞壁外层同细胞膜紧密相连
  C. 部分细胞壁中含有磷壁酸
  D. 分为外膜和肽聚糖层两部分

10. 下列细菌经革兰氏染色被染成红色的是（　　）。
  A. 保加利亚乳杆菌   B. 嗜热链球菌
  C. 大肠杆菌   D. 枯草杆菌

11. 革兰氏阳性细菌经乙醇脱色后细胞呈（　　）色。
  A. 紫   B. 红   C. 蓝   D. 透明

12. 下列细胞器可以作为细菌鉴定依据的是（　　）。
  A. 芽孢   B. 荚膜   C. 细胞核   D. 质粒

13. 营养体既能以单倍体存在又能以二倍体存在的酵母是（　　）。
  A. 八孢裂殖酵母   B. 路德类酵母
  C. 酿酒酵母   D. 面包酵母

14. 关于芽孢的特点叙述错误的是（　　）。
  A. 一个细胞只能形成一个芽孢
  B. 芽孢对高温、干燥、化学消毒剂及辐射等有很强的抵抗力
  C. 芽孢有较厚的壁和较高的折光性
  D. 芽孢是细菌的繁殖体

15. 对于芽孢的描述不正确的是（　　）。
  A. 芽孢的通透性较强，容易着色
  B. 芽孢的新陈代谢几乎停止，处于休眠状态
  C. 一个芽孢只能萌发成一个新个体
  D. 芽孢的含水量低，壁厚致密

二、能力提升

实验室得到某未知菌种，需要进行形态和染色观察以判断其菌种类型，请设计方案并完成。

模块三

微生物的营养与生长

项目一

微生物的营养

 案例引导

在 2022 年国家化妆品监督抽检工作中,广州某化妆品有限公司生产的补水保湿面膜菌落总数超标,不符合相关规定。

思考:化妆品中为什么会检出微生物?微生物喜欢"吃"什么?

知识脉络

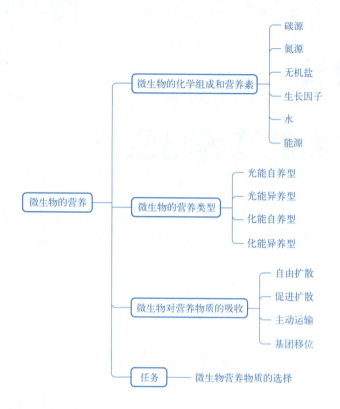

学习目标

知识：①熟悉微生物的营养类型。
②掌握微生物生长过程中所需营养物质及其作用。
技能：①能够分析微生物的营养物质吸收类型。
②能够根据微生物特点选择适合的营养物质。
素养：①培养分析处理信息的能力，增强解决问题的能力。
②培养经济节约意识。

知识准备

微生物在自然界中生长繁殖，需要不断地从生活环境中摄取所需要的各种营养物质，合成自身的细胞物质，提供机体进行各种生理活动所需要的能量，保证机体进行正常的生长与繁殖，保证其生命能维持和延续；同时，微生物会将代谢活动产生的废弃物排出体外。微生物机体生长、繁殖和完成各种生理活动所需的物质被称为营养物质，而微生物获得和利用营养物质的过程被称为营养。

一、微生物的化学组成和营养素

营养物质是微生物构成菌体细胞的基本原料，也是获得能量及维持代谢的物质基础，微生物吸收何种营养物质取决于微生物细胞的化学组成。微生物细胞的化学成分以有机物和无机物两种形式存在。有机物包括各种分子大小的含碳化合物，如蛋白质、核酸、脂类和糖类等，占细胞干重的99%。无机物成分包括小分子无机物和各种离子，占细胞干重的1%。构成微生物细胞的元素包括C、H、O、N、P、S、K、Na、Mg、Ca、Fe、Mn、Cu、Co、Zn、Mo等。其中C、H、O、N、P、S六种元素占微生物细胞干重的97%，其他元素只占3%。微生物细胞的化学元素组成的比例常因微生物种类的不同而异。从元素和化合物组成分析看，微生物的元素组成和动物及人类、绿色植物的组成基本上是一致的。

组成微生物细胞的化学元素来自微生物生长过程中所吸收的营养物质，微生物生长所需的营养物质包含微生物生长环境中的多种化学物质，这些物质可概括为提供构成细胞物质的碳素来源的碳源物质、构成细胞物质的氮素来源的氮源物质和一些含有K、Na、Mg、Ca、Fe、Mn、Cu、Co、Zn、Mo等元素的无机盐。

> **互动讨论**
>
> 如果将微生物当成"宠物"，我们需要给"宠物"提供哪些食物？

微生物生长所需要的营养物质主要是以有机物和无机物的形式提供的，小部分营养物质为气体形式。微生物的营养物质按其在机体中的生理作用可区分为：碳源、氮源、无机盐、生长因子、水和能源六大类。

（一）碳源

在微生物生长过程中为微生物提供碳素来源的物质被称为碳源。微生物的含碳量接近干重的50%，因此碳源是除了水以外微生物需要量最大的营养物质。碳源是构成细胞物质的主要元素，在细胞内经过一系列变化，20%的碳素转化成细胞物质，如糖类、脂类、蛋白质、细胞贮藏物质及各种代谢产物，其余的均被氧化分解并释放出能量用于维持微生物生命活动。因此，碳源通常也是机体生长的能源。

从简单的无机含碳化合物如CO_2、碳酸盐到各种各样复杂的天然有机化合物都可以作为微生物的碳源，但不同的微生物利用含碳物质具有选择性，利用能力有差异。有些微生物可以利用多种碳源，也有的只能利用两三种甚至只能利用一种碳源，如在葡萄糖和淀粉同时存在的环境中，微生物优先利用葡萄糖，只有当环境中葡萄糖消耗殆尽后，才利用淀粉。微生物对碳源物质的选择性利用遵循如下原则：结构简单、相对分子质量小的优先于结构复杂、相对分子质量大的。如单糖优先于双糖、己糖优先于戊糖、纯多糖优先于杂多糖、淀粉优先于纤维素。在发酵工业中使用的碳源有很多种，常见的有马铃薯淀粉、玉米粉、工业废糖蜜、甘薯粉、麸皮、植物秸秆等。微生物利用的几种碳源

模块三　微生物的营养与生长

物质见表 3-1。

表3-1 微生物利用的碳源物质

种类	碳源物质	备注
糖	葡萄糖、果糖、麦芽糖、蔗糖、淀粉、半乳糖、乳糖、甘露糖、纤维二糖、纤维素、半纤维素、甲壳素等	单糖优于双糖、己糖优于戊糖、淀粉优于纤维素、纯多糖优于杂多糖
有机酸	糖酸、乳酸、柠檬酸、延胡索酸、琥珀酸、低级脂肪酸、高级脂肪酸、氨基酸等	与糖类比较效果差,有机酸较难进入细胞,进入细胞后会导致 pH 下降。当环境中缺乏碳源物质时,氨基酸常被微生物作为碳源物质
醇	乙醇、甘油、甘露醇等	在低浓度条件下被某些酵母菌和醋酸菌利用
脂	脂肪、磷脂	主要利用脂肪,在特定条件下将磷脂分解为甘油和脂肪酸加以利用
烃	天然气、石油、石油馏分、石蜡等	利用烃的微生物细胞表面有一种由糖脂组成的特殊吸收系统,可将难溶的烃充分乳化后吸收利用
CO_2	CO_2	为自养微生物所利用
碳酸盐	$NaHCO_3$、$CaCO_3$ 等	为自养微生物所利用
其他	芳香族化合物、氰化物、蛋白质、核酸等	当环境中缺乏碳源物质时,可被微生物作为碳源降解利用

碳源的生理作用主要有:碳源物质通过复杂的生物化学变化来构成微生物自身的细胞物质和代谢产物;同时,多数碳源物质在细胞内生化反应过程中,还能为机体提供维持生命活动的能量。

(二)氮源

凡是可以被微生物用来构成生命物质或代谢产物中氮素来源的营养物质被统称为氮源。

能被微生物利用的氮源物质有蛋白质及其各类降解产物、铵盐、硝酸盐、亚硝酸盐、分子态氮、嘌呤、嘧啶、脲、酰胺、氰化物等。实验室和生产中常用的氮源有牛肉膏、酵母浸膏、各种蛋白胨等。发酵工业常使用的氮源有玉米粉、大豆饼粕、花生饼粕、蚕蛹粉、鱼粉、铵盐、硝酸盐等。食品发酵工业有时需要添加氨水或氨气作为氮源。简单氮化物可以直接被微生物快速吸收利用,称为速效氮源;复杂有机氮化物需经胞外酶分解成简单氮化物才能成为有效态氮源被微生物吸收利用,称为迟效氮源。

氮源物质常被微生物用来合成细胞中含氮物质,少数情况下可作为能源物质来使用,如某些厌氧微生物在厌氧条件下可利用氨基酸作为能源。

微生物对氮源的利用具有选择性,一般遵循以下原则:铵离子优先于硝酸盐、氨基酸优先于蛋白质。如玉米浆相对于豆饼粉或 NH_4^+ 相对于 NO_3^- 为速效氮源。铵盐作为氮源时,微生物利用后会导致培养基 pH 下降,因而被称为生理酸性盐;而以硝酸盐作为氮源时,培养基 pH 会升高,因而硝酸盐被称为生理碱性盐。微生物利用的氮源物质如表 3-2 所列。

表3-2 微生物利用的氮源物质

种类	氮源物质	备注
蛋白质类	蛋白质及其不同程度降解产物，如胨、肽、氨基酸等	大分子蛋白质难以进入细胞，一些真菌和少数细菌能分泌胞外蛋白酶，将大分子蛋白质降解利用，而多数细菌只能利用相对分子质量较小的降解产物
氨及铵盐	氨气、硫酸铵等	容易被微生物吸收利用
硝酸盐	硝酸钾、硝酸钠等	容易被微生物吸收利用
分子氮	氮气	可被固氮微生物利用，但当环境中有化合态氮源时，有些固氮微生物就不再运用固氮能力而直接利用现成的化合态氮源
其他	嘌呤、嘧啶、脲、胺、酰胺、氰化物	大肠杆菌不能以嘧啶作为唯一氮源，在氮限量的葡萄糖培养基上生长时，可通过诱导作用先合成分解嘧啶的酶，然后再将其分解并利用；嘌呤可不同程度地被微生物作为氮源加以利用

（三）无机盐

无机盐是微生物生长过程中必不可少的一类营养物质，在机体中的生理功能主要包括：作为酶活性中心的组成部分，是酶的激活剂；维持生物大分子和细胞结构的稳定性；调节并维持细胞的酸碱平衡和渗透压；控制细胞的氧化还原电位；作为自养微生物的能源和无氧呼吸时的氢受体。

无机盐主要提供微生物生长繁殖所必需的除C、H、O、N以外的大量元素和微量元素。大量元素是指P、S、K、Mg、Ca、Na、Fe等，通常需要量比较大，为$10^{-4} \sim 10^{-3}$ mol/L。它们参与细胞结构组成、能量转移、渗透压调节等。微量元素是指在微生物生长过程中起重要作用，而需要量极其微小的元素，如Cu、Zn、Mn、Mo、Co、Se等，通常需要量为$10^{-8} \sim 10^{-6}$ mol/L。微量元素一般参与酶的组成或使酶活化等。大量元素和微量元素的生理功能如表3-3和表3-4所示。

表3-3 大量元素的生理功能

元素	生理功能
P	核酸、核蛋白、磷脂、辅酶以及ATP等高能分子的成分，作为缓冲系统调节培养基pH
S	含硫氨基酸、维生素的成分，构成谷胱甘肽，调节细胞内氧化还原电位，硫化细菌的能源
K	酶的辅助因子，维持细胞渗透压，嗜盐细菌核糖体的稳定因子
Na	细胞运输系统组分，维持细胞渗透压，维持某些酶的稳定性
Mg	己糖磷酸化酶、异柠檬酸脱氢酶、核酸聚合酶等活性中心组分，细菌叶绿素成分
Fe	细胞色素部分酶的组分，铁细菌的能源物质，合成叶绿素、白喉毒素所需物质
Ca	酶的辅因子，维持酶的稳定性，芽孢的组分

表3-4 微量元素的生理功能

元素	生理功能
Mn	酶的辅因子、激活剂
Zn	RNA和DNA聚合酶的成分、肽酶和脱羧酶的辅因子

续表

元素	生理功能
Cu	细胞色素氧化酶、抗坏血酸氧化酶、酪氨酸酶的组分
Co	维生素的组分、肽酶的辅因子
Mo	硝酸还原酶、固氮酶、甲酸脱氢酶的组分
Se	甘氨酸还原酶、甲酸脱氢酶的组分

如果微生物在生长过程中缺乏微量元素，会导致细胞生理活性降低甚至停止生长，由于不同微生物对营养物质的需求不完全相同，微量元素这个概念也是相对的，其中Fe介于大量元素和微量元素之间。微量元素通常混杂在天然有机营养物、无机化学试剂、自来水、蒸馏水、普通玻璃器皿中，如果没有特殊原因，在配制培养基时一般没有必要另外加入微量元素。值得注意的是许多微量元素是重金属，如其过量，就会对微生物有机体产生毒害作用，而且单独一种微量元素过量产生的毒害作用更大，因此有必要将培养基中微量元素的量控制在正常范围内，并注意各种微量元素之间保持恰当的比例。

（四）生长因子

生长因子通常指那些微生物生长所必需且需要量很小，但微生物自身不能合成或合成量不足以满足机体正常生长需要的有机化合物。

根据生长因子的化学结构及其在机体中的生理功能不同，可将其分为维生素、氨基酸、嘌呤与嘧啶三大类，狭义的生长因子一般仅指维生素。维生素在机体中所起的作用主要是作为酶的辅基或辅酶参与新陈代谢。有些微生物自身缺乏合成某些氨基酸的能力，因此必须在培养基中补充这些氨基酸或含有这些氨基酸的肽类物质，微生物才能正常生长。嘌呤与嘧啶作为生长因子，在微生物机体内的作用主要是作为酶的辅酶或辅基以及用来合成核苷、核苷酸和核酸。

生长因子虽然是微生物的营养要素之一，但是并非每种微生物生长过程中都需要为其提供生长因子，如多数真菌、放线菌自身的合成能力很强，不需要提供外源的生长因子。

（五）水

水是微生物细胞的主要组分，也是生命活动的必需物质，占细胞鲜重的70%~90%。微生物所含水分包括结合水和自由水两种状态。结合水一般不能流动，不易蒸发，不冻结，不能作为溶剂，也不能渗透；自由水则能流动，容易从细胞中排出，可以作为溶剂。

水是微生物生长所必不可少的，其生理功能主要有作为物质的溶剂与运输介质，参与营养物质的吸收、代谢废物的排出、化合物的合成与分解；参与细胞内一系列化学反应；维持蛋白质、核酸等生物大分子稳定的天然构象；水的比热高，是热的良好导体，能有效地吸收代谢过程中产生的热，并及时将热迅速散发出体外，有效控制细胞内温度的变化；微生物通过水合作用与脱水作用控制由多亚基组成的细胞结构，维持细胞自身的正常形态。

微生物缺乏水会影响代谢作用的运行，微生物生长用水一般用自来水、井水、河水等即可，如有特殊要求可用蒸馏水。

（六）能源

微生物的一切生命活动都离不开能源，凡是能够提供最初能量来源的营养物质或辐射能称为能源。微生物对能源的利用范围比较广泛，主要有日光能和化学能。化学能主要来自有机物的分解和无机物的氧化。配制培养基时，一般不需要特别提供能源。异养微生物能够利用碳源作为能源，通过有机物的分解获取能量，只有少数异养微生物能够利用氮源和光能作为能源；自养微生物可以利用光能或无机物作为能源。

二、微生物的营养类型

微生物种类繁多，其营养类型复杂（表3-5）。在长期进化过程中，由于各种微生物的生活环境和对不同营养物质的利用能力的不同，它们的营养需求和代谢方式也不尽相同。根据微生物生长时所需碳源物质的性质不同，可将其分为自养型和异养型。自养型微生物是利用无机含碳物质作为唯一或主要营养物质，不需要有机养料，可以生活在完全无机的环境中；异养型微生物，至少需要一种有机含碳物质作为营养物质。根据微生物生命活动中能量来源不同，可将其分为光能型和化能型。光能型微生物能够吸收光能来维持生命活动，化能型微生物主要利用吸收的营养物质降解产生的化学能来生长。

微生物的营养类型

表3-5　微生物的营养类型 I

划分依据	营养类型	特点
碳源	自养型	以 CO_2 为唯一或主要碳源
	异养型	以有机物为碳源
能源	光能营养型	以光能为能源
	化能营养型	以物质氧化释放的化学能为能源
电子供体	无机营养型	以还原性无机物为电子供体
	有机营养型	以有机物为电子供体

将碳源物质的性质和代谢能量的来源结合，可将微生物的营养类型分为光能自养型、光能异养型、化能自养型和化能异养型（表3-6）。

表3-6　微生物的营养类型 II

营养类型	能源	主要碳源	氢或电子供体	举例
光能自养型	光能	CO_2 等	H_2、H_2S、S 或 H_2O 等	蓝细菌、藻类、光合细菌等
光能异养型	光能	简单有机物	有机物	红螺菌
化能自养型	化学能（无机物氧化）	CO_2 或 CO_3^{2-}	还原态无机物（H_2、H_2S、Fe^{2+}、NH_3、NO_2^-）	氢细菌、铁细菌、硫化细菌、硝化细菌、碳化细菌等
化能异养型	有机营养型（有机物氧化）	有机物	有机物	绝大多数的细菌、全部的放线菌和真菌及原生动物

（一）光能自养型微生物

光能自养型微生物以光能作为能源，以 CO_2 或可溶性碳酸盐（CO_3^{2-}）作为唯一碳源或主要碳源。此类型的微生物细胞内含有一种或几种光合色素,如叶绿素、类胡萝卜素、藻胆素和细菌叶绿素等,能利用光能进行光合作用。此类型微生物能以无机物,如水、硫化氢、硫代硫酸钠或其他无机化合物为电子供体(供氢体),使 CO_2 还原成细胞物质,并且伴随元素氧(硫)的释放。代表微生物有:藻类、蓝细菌、光合细菌、紫硫细菌、绿硫细菌等。

(二)光能异养型微生物

光能异养型微生物含光合色素,以光能为能源,以简单有机物,如甲酸、乙酸、丁酸、丙酮酸、异丙醇和乳酸等作为碳源和供氢体,还原 CO_2,合成细胞的有机物质。光能异养型微生物在生长时大多数需要外源的生长因子。例如,红螺菌属中的一些细菌利用异丙醇作为供氢体(有机酸、醇等),进行光合作用,将 CO_2 还原为细胞有机物质并积累丙酮。光能异养型微生物虽然能利用 CO_2,但必须要在有机物同时存在的条件下才能生长。

(三)化能自养型微生物

化能自养型微生物既不依赖于光,也不依赖于有机营养物,而是完全依赖于无机矿物质,生长所需的能量来自无机物氧化过程中释放的化学能。利用 CO_2 或碳酸盐作为唯一或主要碳源,利用电子供体如 H_2、H_2S、Fe^{2+} 或亚硝酸盐等将 CO_2 还原成细胞有机物质。

化能自养型微生物对无机物的氧化有很强的专一性,一种化能自养型微生物只能氧化一定的无机物。目前已经发现的化能自养型微生物均为原核微生物,如硫化细菌、硝化细菌、碳化细菌、氢细菌、铁细菌等。它们广泛分布于土壤和水中,对自然界中无机营养物质的循环起着重要作用。

(四)化能异养型微生物

化能异养型微生物生长所需的能量来自有机物氧化过程放出的化学能,生长所需要的碳源主要是一些有机化合物,如淀粉、糖类、纤维素、有机酸等。化能异养型微生物利用的有机物,通常既是碳源物质又是能源物质,也是供氢体。该类型的微生物种类最多,包括绝大多数的细菌、全部放线菌、真菌及原生动物。

在化能异养型微生物中,根据它们利用的有机物的特性不同,又可分为腐生型与寄生型两种。腐生型微生物利用无生命的有机物质进行生长繁殖。大多数腐生菌是有益的,在自然界物质转化中起重要作用,但也容易导致物品的腐败,如引起食品腐败的某些霉菌和细菌(如梭状芽孢杆菌、毛霉、根霉、曲霉等)。寄生型微生物生活在活细胞内,从寄主体内获得生长所需的营养物质。寄生又分为专性寄生和兼性寄生两种。专性寄生型微生物只能在活的寄主生物体内寄生并生活;兼性寄生型微生物既能营寄生生活,又能营腐生生活。如人和动物肠道内普遍存在的大肠杆菌,生活在人和动物肠道内是寄生,随粪便排出体外,又可在水、土壤和粪便中腐生;又如引起瓜果腐烂的瓜果腐霉的菌丝可侵入果树幼苗的胚芽基部进行寄生,也可以在土壤中长期生存。

微生物不同营养类型之间的界限不是绝对的,异养型微生物并非绝对不能利用无机物,只是不能以 CO_2 为唯一或主要碳源进行生长,而且在有机物存在的情况下,也可将 CO_2 同化为细胞物质。同样,自养型微生物也并非不能利用有机物进行生长,有些自养型微生物在外界有机物充足时主要进行异养生活。此外,有些微生物在不同环境条件下生长时其营养类型也会随之发生改变，微生物营养类型的改变有利于提高其对环境条件变化的适应能力。

三、微生物对营养物质的吸收

营养物质能否被微生物利用的一个决定性因素是这些营养物质能否进入细胞中。只有进入到微生物细胞中的营养物质才能被细胞内的新陈代谢系统分解利用，供给微生物正常生长繁殖。此外，微生物生长过程中产生的代谢物也需要及时分泌到细胞外，避免在细胞内积累产生毒害作用。在营养物质进入细胞与代谢物分泌到细胞外的过程中，细胞膜起着重要的作用。

影响营养物质进入细胞的因素主要有以下几个方面：

① 营养物质本身的性质，如分子结构、相对分子质量、溶解性、电荷性、极性等都会影响营养物质进入细胞。

② 微生物所处环境，如温度、pH、离子强度、诱导物质和抑制剂等。温度会影响营养物质的溶解度、细胞膜的流动性及运输系统的活性，pH和离子强度则会影响营养物质的电离程度，从而影响营养物质进入细胞的能力。

③ 微生物细胞的透过屏障，包括细胞壁、细胞膜、荚膜等。荚膜的结构较为松散，对细胞吸收营养物质的影响较小。革兰氏阳性菌的细胞壁结构紧密，使得相对分子质量较大的葡聚糖等物质难以进入。真菌和酵母菌的细胞壁只能允许相对分子质量较小的物质通过。与细胞壁相比，细胞膜对跨膜运输的物质具有选择性，其在控制物质进入细胞的过程中起着更为重要的作用。

> **互动讨论**
>
> 我们的微生物"宠物"是如何将食物"吃"进去的？

根据物质跨膜运输过程的特点，可将微生物营养物质的运输方式分为自由扩散、促进扩散、主动运输和基团移位。

（一）自由扩散

自由扩散又称为单纯扩散或简单扩散。细胞膜是一种半透膜，营养物质通过细胞膜上的小孔，沿着浓度梯度由细胞外的高浓度向细胞内的低浓度进行扩散。物质在扩散过程中，既不与膜上的各类分子发生反应，自身分子结构也不发生变化（图3-1）。

自由扩散是细胞内外物质交换最简单的一种方式。在物质运输的过程中不需要载体的介入，而且此过程是非特异性的纯粹物理过程，不消耗能量，因此不能逆浓度梯度运输，物质扩散的动力来自膜内外的浓度差。物质扩散的速率随膜内外浓度差的降低而减小，直到膜内外营养物质浓度相同时达到一个动态平衡。

物质跨膜扩散的能力和速率与该物质的性质有关，相对分子质量小、脂溶性、极性小的物质易通过扩散进出细胞。另外，温度高时细胞膜的流动性增加，有利于物质通过扩散进出细胞，而pH与离子强度通过影响物质的电离程度也会影响物质的扩散速率。自由扩散的物质主要是一些小分子物质，如水、脂肪酸、甘油、乙醇、苯、某些气体分子（如O_2、CO_2）及某些氨基酸等。自由扩散不是微生物细胞吸收营养物质的主要方式。

(二)促进扩散

促进扩散也称协助扩散,营养物质运输过程中借助细胞膜上的特异性载体蛋白,由高浓度向低浓度环境扩散。与自由扩散一样,促进扩散也是一种被动的物质跨膜运输方式,在这个过程中不消耗能量,参与运输的物质本身分子结构不发生变化,不能逆浓度梯度运输,物质扩散的动力来自膜内外的浓度差,运输速率与膜内外物质的浓度差成正比(图3-2)。

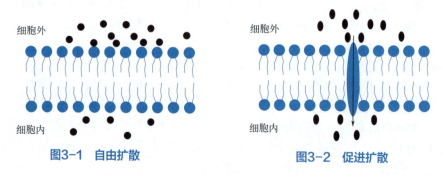

图3-1　自由扩散　　　　　　　　　图3-2　促进扩散

促进扩散与自由扩散的主要区别在于物质运输过程中需要载体蛋白的协助才能进入细胞,而且每种载体蛋白只运输特定的物质,具有高度的特异性。载体蛋白与被运输物质之间存在一种结构上的对应关系或亲和力,并且这种亲和力胞外大于胞内。通过被运输物质与相应载体间亲和力大小的变化,该物质与载体发生可逆的结合与分离,导致物质穿过细胞膜进入细胞内,反之被运出细胞。载体主要是一些蛋白质,所以也被称为载体蛋白,这些蛋白质能促进物质进行跨膜运输,自身在这个过程中不发生化学变化,而且载体只影响营养物质的运输速率,并不能改变该物质在膜内外的动态平衡。被运输物质在膜内外浓度差越大,促进扩散的速率越快,但是当被运输物质浓度过高,而载体蛋白饱和时,运输速率便不再增加。

通过促进扩散进入细胞的营养物质主要有氨基酸、单糖、维生素、无机盐等小分子物质,主要在真核微生物中存在,如葡萄糖通过促进扩散进入酵母菌细胞。在原核微生物中比较少见,但发现甘油可通过促进扩散进入沙门氏菌、志贺氏菌等肠道细菌细胞。

(三)主动运输

主动运输是广泛存在于微生物中的一种主要的物质运输方式,是指通过细胞膜上特异性载体蛋白构型变化,使膜外物质进入膜内的一种运输方式。主动运输的特点主要有:物质在运输的过程中需要载体蛋白的协助;需要消耗能量;可以逆浓度运输(图3-3)。

在主动运输过程中,位于细胞膜上的载体蛋白通过改变构象,使其与被运输养料的亲和性发生改变。载体蛋白构象的改变需要能量的协助,不同种类的微生物所需的能量来源不同。好氧微生物与兼性厌氧微生物直接利用呼吸能;厌氧微生物利用化学能;光合微生物利用光能。

主动运输是广泛存在于微生物中的一种主要的营养物质运输方式,它可使微生物在稀薄的营养环境中吸收营养而得以正常生存。微生物在生长和繁殖过程中所需的各种营养物质,如氨基酸、离子、糖类等,主要是以此种方式进入细胞。

（四）基团移位

基团移位是一种特殊的微生物营养物质运输方式，在营养物质运输过程中，既需要特异性载体蛋白的参与，又需要消耗能量，而且被运输的营养物质在运输前后自身化学结构会发生变化（图3-4）。

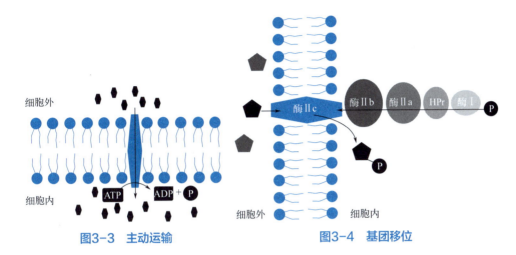

图3-3　主动运输　　　　　　图3-4　基团移位

基团移位主要存在于厌氧型和兼性厌氧型细菌中。这种运输方式主要用于葡萄糖、甘露糖、果糖、脂肪酸、核苷、碱基等物质的运输，但不能运输氨基酸。如许多糖及糖的衍生物在运输的过程中，由细菌的磷酸酶系统催化，使细胞内磷酸烯醇式丙酮酸中的磷酸基团被转移到糖分子上，以磷酸糖的形式进入细胞。也有研究表明，某些好氧菌，如枯草芽孢杆菌和巨大芽孢杆菌也利用磷酸转移酶系统将葡萄糖运输到细胞内。

微生物几种运输营养物质的方式比较见表3-7。

表3-7　微生物对营养物质的运输方式

项目	载体蛋白	浓度梯度	能量消耗	物质结构变化
自由扩散	不需要	由高到低	不需要	不变
促进扩散	需要	由高到低	不需要	不变
主动运输	需要	由低到高	需要	不变
基团移位	需要	由低到高	需要	改变

 知识拓展

食物是如何变质的？

引起食物变质的主要原因有三方面：

① 微生物"作怪"。环境中微生物无处不在，食物在生产、加工、运输、储存、销售过程中，很容易被微生物污染。只要温度适宜，微生物就会生长繁殖，分解食物中的营养素，以满足自身需要。这时食物中的蛋白质就被破坏了，食物会发出臭味和酸味，失去了原有的

坚韧性和弹性，颜色也会发生变化。

② 酶的作用。动物性食物中有多种酶，在酶的作用下，食物的营养素被分解成多种低级产物。平时的饭发馊、水果腐烂，就是碳水化合物被酶分解后发酵了。

③ 食物的化学反应。油脂很容易被氧化，如肥肉会由白色变成黄色，产生一系列的化学反应，氧化后的油脂有怪味。

变质的食物不仅外观发生变化，失去原有的色、香、味、品质、营养价值也会下降，还会含有相应毒素危害人体健康。

 工作任务

任务　微生物营养物质的选择

【任务概述】

欲从混合菌株中筛选分离出产红色素的酵母菌，请确定其生长过程中需要提供的营养物质。

【任务要求】

① 熟悉微生物的营养类型。
② 能够根据目标菌株的营养特点选择合适的营养物质。
③ 能够查阅资料，筛选信息，进行有效处理，培养分析解决问题的能力。

【任务实施】

一、任务分析

欲确定产红色素的酵母菌在生长过程中需要的营养物质，需要明确以下问题：
① 微生物生长过程中需要哪些营养物质？
② 产红色素的酵母菌属于什么营养类型？

二、材料准备

笔记本电脑、参考书籍、记录本、笔等。

三、实施步骤

1. 查阅资料

① 微生物的营养类型。
② 微生物生长过程中需要的营养物质种类及作用。

2. 小组讨论

① 根据查阅的资料，确定目标菌株的营养类型，拟定其生长所需营养物质清单。
② 每组派一代表汇报小组讨论结果，其他成员补充。

3. 确定方案

教师和学生一起分析、修改及确定营养物质清单。

【实施报告】

将查询结果填入下表中。

微生物营养物质的选择报告

菌种名称		菌种来源	
菌种特点			
营养类型			
所需营养物质	作用		选择物质
备注			

检验员：　　　　　　　　　　　　　日期：
复核人：　　　　　　　　　　　　　日期：

【巩固提升】

① 试述微生物生长过程中所需的营养物质及功能。
② 什么是生长因子，主要起哪些作用？
③ 微生物的营养类型有哪几种？请举例说明。
④ 微生物吸收营养物质的方式主要有哪几种？请比较它们的异同。

【任务评价】

微生物营养物质的选择评价表

项目	评分标准	得分
资料查询	会查询资料，能够对资料进行分析处理（10分）	
讨论汇报	仪表大方、谈吐自如、条理分明（10分）	
	声音清晰、言简意赅、突出重点（10分）	
	产红色素酵母菌营养类型确定准确（15分）	
	营养物质选择合适（20分）	
查询报告	报告填写认真、字迹清晰（10分）	
	各报告项目填写准确（15分）	

模块三　微生物的营养与生长

续表

项目	评分标准	得分
素质养成	资料查询及综合处理能力，小组合作分析总结能力（10 分）	
备注		
总得分		

项目二

微生物的生长

案例引导

大肠杆菌在适宜条件下，每 20min 左右便可分裂一次，如果保持这样的繁殖速度，一个大肠杆菌在 48h 内，其子代总质量可达 2.2×10^{31}g。实际上微生物并不能保持这样的速度一直生长繁殖下去。

思考：大肠杆菌为什么不能以 20min 繁殖一代的速度一直繁殖下去？微生物的生长有着怎样的规律？

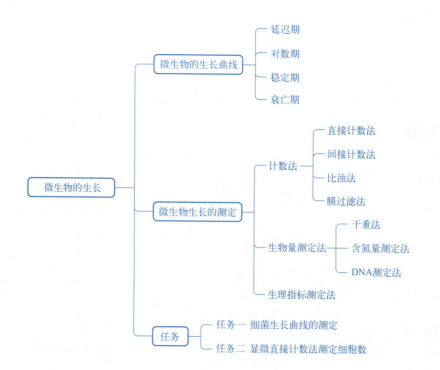

学习目标

知识：①熟悉微生物生长曲线。
②掌握微生物各生长时期的特点。
技能：能够结合微生物各时期特点指导实践应用。
素养：①培养知识运用能力，能够理论联系实际。
②培养经济节约意识。

知识准备

微生物在适宜的环境中会不断吸收营养物质进行新陈代谢，即进行同化作用和异化作用。如果同化作用大于异化作用，细胞会增大，细菌体积会逐渐增加，这就是生长。当细胞增大到一定限度时，细胞便开始分裂，形成两个基本相似的子细胞，子细胞又可以重复进行生长和分裂。细胞分裂形成子细胞，使个体数目增加，这就是繁殖。微生物从生长到繁殖的过程是由量变到质变的发展过程，这一发展过程统称为发育。微生物在比较合适的条件下，能够正常生长和繁殖，但当环境发生变化且超过了微生物的忍受程度，微生物的生命活动就会受到抑制，甚至死亡。

一、微生物的生长曲线

以单细胞微生物细菌为例，说明微生物生长特点。将少量单细胞细菌接种到一恒定体积的新鲜液体培养基中，在适宜的条件下培养，定时取样测定培养基中细菌数量。以培养时间为横坐标，以细菌数目的对数或生长速率为纵坐标绘制的曲线被称为生长曲线，如图3-5所示。根据细菌生长繁殖速率不同，可以将生长曲线大致分为延迟期、对数期、稳定期和衰亡期。

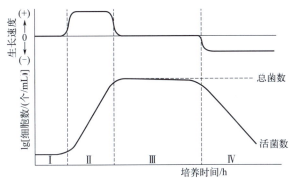

图3-5　微生物生长曲线
Ⅰ—延迟期；Ⅱ—对数期；Ⅲ—稳定期；Ⅳ—衰亡期

（一）延迟期

延迟期又称为延滞期、迟缓期、调整期、适应期。当少量菌体被转接入新鲜液体培养基后，在最开始的一段培养时间内，细菌不立即进行繁殖，细胞数不增加甚至会稍有减少。延迟期细菌细胞特点可以概括为：分裂迟缓、合成代谢活跃，生长速率常数几乎等于零。细菌体积增长较快，如巨大芽孢杆菌，在延迟期末，细胞平均长度是刚接种时长度的6倍以上。细胞内的贮藏物质逐渐被消耗，各类诱导酶的合成量增加，DNA及RNA的含量相应提高，原生质嗜碱性加强。对外界环境中的理化因素，如热、辐射、抗生素等较为敏感，对氧气的吸收、二氧化碳的释放强度较大。延迟期出现可能是由于细菌接种到新鲜培养基后为了适应新环境，需要调整代谢，重新合成必需的酶、辅酶和某些中间代谢产物，同时也为下一阶段对数生长期的快速生长与繁殖作生理与物质上的准备。

延迟期的长短与菌种的遗传性、菌龄、接种量及接种前后所处的环境等因素有关。比如细菌和酵母菌繁殖较快，一般延迟期只有几分钟到几小时，而霉菌繁殖较慢，需要十几小时，放线菌的时间则更长些。深入了解延迟期产生的原因，采取缩短延迟期的措施，在发酵工业上具有十分重要的意义。在生产实践中通常采取增加接种量、在培养基中增加某些营养成分、采用最适菌龄的健壮菌种接种及选用繁殖快的菌种等措施，以缩短延迟期，缩短发酵周期，提高设备利用率。

（二）对数期

对数期又被称为指数期，在此时期，细胞繁殖活性最强，合成新细胞物质速度最快，所有分裂形成的新细胞都活力旺盛。这一阶段的突出特点是细菌数以几何级数增加，生长速率常数为正，细菌数目的增加与原生质总量的增加、菌液混浊度的增加均呈正相关性。

细菌纯培养的生长速率也就是群体生长的速率，可用代时（G）表示。所谓代时是指单个细胞从上一次分裂完成到下一次分裂完成平均所需的时间，也指增加一代所需的平均时间。单细胞微生物的纯培养物被接种到新鲜发酵培养基后，经过一段时间的适应，就会进入生长速度相对恒定的快速生长与繁殖时期，代时稳定。处于这一时期的单细胞微生物，其细胞将按 $1\rightarrow 2\rightarrow 4\rightarrow 8\cdots$ 的方式增长，以乘方形式表示，即以 $2^0\rightarrow 2^1\rightarrow 2^2\rightarrow 2^3\rightarrow 2^4\cdots 2^n$ 的对数形式进行，所以被称为对数期。

在一定时间内，菌体细胞的分裂次数愈多，其代时就愈短，则分裂速率愈快。不同菌种的代时不同，同一菌种处在不同的培养条件下，代时也不同。培养基营养丰富，培养条件如温度、pH、渗透压等合适，代时则短；反之，代时则长。但在一定的生长条件下，各菌种的代时是相对稳定的，多数微生物为20~30min，也有长达33h的，表3-8为不同细菌的代时。

表3-8　不同细菌在不同条件下的代时

细菌	培养基	培养温度/℃	代时/min
漂浮假单胞菌	肉汤	27	9.8
大肠杆菌	肉汤	37	17
蜡样芽孢杆菌	肉汤	30	18
嗜热芽孢杆菌	肉汤	55	18.3

续表

细菌	培养基	培养温度/℃	代时/min
伤寒沙门氏菌	肉汤	37	23.5
乳酸链球菌	牛乳	37	26
枯草芽孢杆菌	肉汤	25	26～32
霍乱弧菌	肉汤	37	21～38
金黄色葡萄球菌	肉汤	37	27～30
巨大芽孢杆菌	肉汤	30	31
嗜酸乳杆菌	牛乳	37	66～87
大豆根瘤菌	葡萄糖	25	344～461
结核分枝杆菌	合成	37	792～932
硝化杆菌	合成	27	1200

处于对数期的微生物个体形态及生理特征典型，代谢活跃，生长速率恒定，繁殖能力也较强，是研究基本代谢及遗传特性的良好材料。在微生物发酵工业中，用对数期的菌种作为种子，可缩短延迟期，提高发酵效率。

（三）稳定期

稳定期又叫恒定期。随着细胞不断生长繁殖，培养基中的营养物质逐渐被消耗，代谢产物也逐渐形成并积累，这使得细胞的生长速率逐渐下降。此阶段的特征是：细胞的繁殖速率与死亡速率基本相等，整个培养物中二者处于动态平衡，即菌种生长速率常数为零，细胞的总数达到最高点。

细菌为什么不能按对数期的繁殖速率一直生长下去呢？这是由于对数期细菌的活跃生长引起生长环境发生了一系列变化，比如培养基中必要营养成分减少，尤其是生长限制因子的耗尽，将无法继续满足生长需要；细胞产生的代谢产物，特别是某些有害代谢产物的大量积累，导致菌体生长受到抑制；培养基中 C/N 失调，pH、氧化还原电势等条件的改变，也影响了菌体的正常生长。

处于稳定期的细胞以代谢产物的合成与积累为主，细胞代谢产物积累达到最高值。细胞陆续开始积累储藏物，如糖原、异染颗粒、脂肪粒等；形成芽孢；合成抗生素等次级代谢产物，菌体对不良环境抵抗力较强。

稳定期是收获菌体或某些代谢产物，如单细胞蛋白、乳酸等物质的最佳时期；是对维生素、碱基、氨基酸等物质进行生物监测的最佳时期。若以菌体为发酵产品，则应在此时期收获；若以代谢产物为发酵产品，可适当延长此时期，当产量达到最高水平时再收获。在生产上常常通过培养基补料、调节 pH、调整培养温度等措施，延长稳定期，以积累更多的代谢产物。

（四）衰亡期

达到稳定生长期的微生物群体，若继续培养，由于其生长环境的继续恶化和营养物质的进一步短缺，群体中的细胞死亡率逐渐上升，以致死亡菌数逐渐超过新生菌数，群体中的活菌数目下降，出现"负生长"现象，此阶段称为衰亡期。

衰亡期阶段的细菌，有的开始自溶，产生或释放出一些产物，如氨基酸、转化酶、外肽酶或抗生素等。菌体细胞的形状、大小出现异常，甚至畸形，细胞大小悬殊，有的细胞内多液泡，有的细胞革兰氏染色结果发生改变等。

单细胞微生物的生长曲线反映了一种微生物在某种生活环境中的生长繁殖和死亡的规律。研究生长曲线，既可为研究微生物营养和环境条件提供理论依据，又可用来调整微生物的生长发育，为人类生产服务。在实际的发酵生产中，我们经常采取缩短延迟期，把握对数期，延长稳定期，监控衰亡期的措施来指导生产实践。掌握生长曲线，不仅对发酵生产有指导作用，对微生物的检查和监控也具有重要的意义。

> **互动讨论**
>
> 某发酵生产企业由于生产周期延长，设备的利用率有所下降，参考微生物生长特点，可以如何进行改进？

二、微生物生长的测定

微生物生长情况可以通过测定单位时间内微生物数量或生物量的变化来评价。通过微生物生长的测定可以客观评价培养条件、营养成分等对微生物生长的影响；评价不同的抗菌物质对微生物产生抑制或杀死作用的影响；客观反映微生物生长的规律。因此微生物生长的测定在理论上和实践上有着重要的意义。微生物生长的测定有计数法、生物量测定法和生理指标测定法等方法。

（一）计数法

计数法通常用来测定样品中所含细菌、孢子、酵母菌等单细胞微生物的个体数量，分为直接计数法、间接计数法、比浊法、膜过滤法等。

1. 直接计数法

取一定量稀释的单细胞培养物悬液放置于血细胞计数板（适用于细胞个体较大的单细胞微生物，如酵母菌等）或细菌计数板（适用于细胞个体较小的细菌等）上，根据计数板使用规则，在显微镜下计数一定体积下的平均细胞数，最终换算出待测样品中的细胞数。此方法简便、快捷，是一种常用的细胞计数方法，但其无法区别死、活细胞，故又称为全菌计数法。

2. 间接计数法

间接计数法又被称为活菌计数法，其原理是每个活细菌在适宜培养基和良好生长条件下可以生长形成菌落，通过菌落数目计算出活细菌数量。将待测样品经一系列稀释，选择三个连续稀释度的菌液，分别取 1mL 倒入无菌平皿内，再倒入适量的已熔化并冷却至 50℃ 左右的无菌培养基，与菌液充分混匀。冷却凝固后，放入适宜温度下培养，长出菌落后计数。按下面公式计算出原菌液的含菌数。

每毫升原菌液活菌数 = 同一稀释度平皿菌落平均数 × 稀释倍数

此方法可测出样品中微量的细菌数，是教学、科研和生产上常用的一种测定细菌、酵母菌数量的有效方法。土壤、水、牛奶、食品和其他材料中所含细菌、酵母菌、芽孢与孢子等的数量均可采用此法测定。但此法对操作技术要求较高，操作不熟练可能造成微生物污染，或因培养基温度过高损伤细胞等原因造成结果不稳定。

3. 比浊法

比浊法是测定菌悬液中细胞数量的快捷方法。测定原理是：在一定条件下，当光线通过微生物菌悬液时，由于菌体的吸收和散射，会使透光量减少。因此菌悬液中细胞的浓度与浑浊度成正比，而与透光度成反比。测定菌悬液的光密度（或透光度）或浊度可以反映出细胞的浓度。借助比浊仪、分光光度计，在一定波长下，测定菌悬液的光密度，然后对照标准曲线计算细菌数。此法简单快捷，但不适宜测定颜色太深或混杂有其他物质的菌悬液。

4. 膜过滤法

当液体样品中菌数特别低时，可以使用膜过滤法进行测定。将样品通过膜过滤器过滤，将细菌拦截在滤膜上，然后将滤膜干燥、染色，并经处理使膜透明，再在显微镜下进行计数，或者将滤膜转到相应的培养基上进行培养，对形成的菌落进行计数。

> **互动讨论**
> 检测生活饮用水中的微生物指标可以选用哪种计数方法？

（二）生物量测定法

每个细胞具有一定的质量和体积，根据待测细胞总重，及已知单细胞质量，可计算出细胞数量。该方法可以用于单细胞、多细胞及丝状体微生物等的数量测定。生物测定法的误差主要来自培养基，能否将菌体表面的培养基清除干净是测定结果是否准确的关键。

1. 干重法

将一定量的培养物用离心或过滤的方法分离出来，洗净后离心，直接测量体积或称重，得到湿重。若是丝状体微生物，过滤后还需要用滤纸吸去菌丝间的自由水再称重。不论是单细胞还是丝状体样品，可以将它们放在已知质量的平皿或烧杯中，置于105℃或红外线下烘干至恒重，或者置于低温下真空干燥后称重，以获得培养物中的细胞干重。此方法直接、可靠，但要求测定时菌体浓度较高，且样品中不含非菌体的干扰物质。微生物干重约为湿重的10%～20%。

2. 含氮量测定法

蛋白质为细胞的主要组成成分，正常生长的细胞蛋白质含量较稳定，细菌细胞干物质中50%～80%为蛋白质。氮是蛋白质的重要组成元素，从一定体积样品中分离出细胞，洗涤后，通过凯氏定氮法、双缩脲法等测得总氮量，进而求出细胞的质量。蛋白质含氮量为16%，细菌中蛋白质含量占细菌固形物的50%～80%，一般以65%为代表，有些细菌则只占13%～14%，这些差异由菌种、菌龄和培养条件决定。总含氮量与细胞总质量之间的关系，可按下式计算：

蛋白质总质量=含氮量×6.25

细胞总质量=蛋白质总质量÷［50%～80%（或65%）］≈蛋白质总质量×1.54

3. DNA 测定法

DNA 是微生物的重要遗传物质，每个细菌的 DNA 含量相对恒定，平均为 $8.4×10^{-14}$ g，因此从一定体积的细菌菌悬液中提取出细菌 DNA，求得 DNA 含量，由此可计算出此体积菌悬液中所含的细菌总数。

（三）生理指标测定法

微生物新陈代谢的过程必然要消耗或产生一定量的物质，因此可以根据某物质的消耗量或某产物的形成量，即生理指标来表示微生物生长量。如呼吸强度、耗氧量、酶活性、生物热等，可借助特定的仪器如瓦勃式呼吸仪、微量量热计等仪器进行测定。通过对微生物在生长过程中伴随出现的这些指标的测定，可得出微生物的数量，即样品中的微生物数量越多或生长越旺盛，指标值就会愈明显。生理指标测定法主要用于微生物生理活性分析等。

知识拓展

酸奶的发酵菌种越多营养价值越高吗？

超市里酸奶品牌琳琅满目，仔细观察配料表会发现，一些酸奶的添加菌多达 10 余种，如鼠李糖乳杆菌、植物乳杆菌、嗜酸乳杆菌等。对于酸奶来说，发酵菌种越多越好吗？

酸奶营养丰富，对增强人体的消化能力、促进食欲有重要作用。但酸奶中的菌种种类并非越多越好。首先，不同乳酸菌的最适发酵条件存在差异，菌种种类越多，发酵条件越难统一，发酵的效果不一定越好。其次，多种"益生菌"的加入，看起来似乎更有"营养"，但不同菌种之间存在竞争关系，也会影响它们的发酵效果。且多数益生菌还未到达肠道就死掉了，并不能起到益生作用。所以，在日常选购酸奶时，不必过于在意菌种的多少，但要注意"菌落总数"要达到国家标准，也就是 1000000CFU/g（mL），并且应尽量选择 4℃ 左右冷藏的、离生产日期较近的酸奶。

工作任务

任务一 细菌生长曲线的测定

【任务概述】

某实验室欲将分离得到的大肠杆菌用于发酵生产中，现需根据大肠杆菌的生长曲线确定最佳接种时间。

【任务要求】

① 了解微生物生长曲线特征。
② 能够使用比浊法间接绘制生长曲线。
③ 培养认真细致的数据处理能力。

【任务实施】

一、任务分析

确定大肠杆菌的最佳接种时间，需要明确以下问题：

① 大肠杆菌的生长曲线是什么样的？
② 生长曲线中哪个时期是最佳接种时间？

二、材料准备

大肠杆菌菌种、牛肉膏蛋白胨培养基、分光光度计、比色皿、恒温摇床、无菌吸管、试管、锥形瓶等。

三、实施步骤

1. 种子液制备

将培养20h的大肠杆菌培养液离心收集菌体，加入无菌生理盐水制成菌悬液，细胞数约为10^9个/mL。

2. 标记编号

取灭菌的250mL锥形瓶11个，分别加入50mL无菌牛肉膏蛋白胨培养液，分别编号为1~11，对应培养时间为0h、1.5h、3h、4h、6h、8h、10h、12h、14h、16h和20h。

3. 接种培养

用2mL无菌吸管分别准确吸取2mL种子液加入11个锥形瓶中，于37℃下振荡培养。然后分别按对应时间将锥形瓶取出，立即放入冰箱中贮存，待培养结束后一同测定光密度OD值。

4. 生长量测定

启动分光光度计，波长设定为400~440nm，以未接种的牛肉膏蛋白胨培养基调节零点，然后依次测定不同时间培养液的OD值。对浓度大的菌悬液用未接种的牛肉膏蛋白胨培养基适当稀释后测定，使其OD值在0.10~0.65之间，经稀释后测得的OD值乘以稀释倍数得到实际的OD值。

5. 绘制曲线

以培养时间为横坐标，以OD值为纵坐标，绘制大肠杆菌生长曲线。由于光密度表示的是培养液中的总菌数，包括死菌和活菌，因此测得的生长曲线衰亡期不明显。

【实施报告】

将测得的实验数据填入下表。

细菌生长曲线测定报告

菌种名称				菌种来源		
检验项目						
检验依据						
序号	培养时间	OD值		序号	培养时间	OD值
1				7		
2				8		
3				9		
4				10		
5				11		
6						

续表

绘制标准曲线：	
确定接种时间	
备注	

检验员：　　　　　　　　　　　　　　　日期：
复核人：　　　　　　　　　　　　　　　日期：

【巩固提升】

① 什么是单细胞微生物的生长曲线？可以划分为哪几个时期？
② 生长曲线中延迟期的特点有哪些？如何缩短延迟期？
③ 生长曲线中对数期有何特点？对于实际生产有何应用？

【任务评价】

细菌生长曲线测定评价表

项目	评分标准	得分
实验准备	工作服穿戴整齐（2分）	
	实验试剂耗材准备齐全（5分）	
种子液制备	会使用离心机收集菌体（3分）	
	使用无菌操作制备种子液，细胞数符合要求（5分）	
标记编号	准确加入培养液，正确编号（5分）	
接种培养	准确使用无菌吸管，不造成菌种污染（3分）	
	按对应时间正确进行培养（2分）	
生长量测定	分光光度计预热，调节波长（5分）	
	正确调节零点（6分）	
	测量的OD值符合要求（10分）	
	对于数值比较大的OD值会稀释相应菌悬液，使OD值落在要求范围内（10分）	
绘制曲线	横纵坐标标示准确（3分）	
	曲线趋势准确（6分）	
报告填写	报告填写认真、字迹清晰（3分）	
	微生物生长曲线绘制准确（10分）	
	根据生长曲线标示各生长时期，确定最佳接种时间（7分）	
实验整理	仪器归位，试剂回收，整理台面（5分）	
素质养成	认真细致如实记录实验数据，具备数据处理能力，能够处理实验中的异常情况，具有应变能力（10分）	
备注		
总得分		

任务二　显微直接计数法测定细胞数

【任务概述】

某微生物实验室新培养一批酵母菌,欲了解其生长状况,请使用血细胞计数板测定酵母菌细胞数。

【任务要求】

① 掌握血细胞计数板计数的原理。
② 能够使用血细胞计数板对单细胞微生物进行计数。
③ 通过血细胞计数板的使用,培养自主分析能力。

【任务实施】

一、任务分析

使用血细胞计数板测定酵母菌细胞数,需要明确以下问题:
① 血细胞计数板的计数原理是什么?
② 血细胞计数板如何使用?
③ 使用不同规格的计数板测定结果如何计算?

二、材料准备

显微镜、血细胞计数板、载玻片、盖玻片、无菌滴管、擦镜纸、吸水纸、酵母培养液、无菌水。

三、实施步骤

1. 检查血细胞计数板

取一块血细胞计数板,放在显微镜下检查计数板的计数室,看有无杂质或菌体。若不干净可以用蘸有95%乙醇的脱脂棉轻轻擦拭,再用蒸馏水冲洗干净,然后用吸水纸吸干水分,用擦镜纸擦拭干净。镜检清洗后的计数板,直至计数室内无杂质和污物方可使用。

微生物直接计数

2. 确定血细胞计数板规格

在显微镜低倍镜下观察计数板结构并确定其计数室规格。

血细胞计数板由一块比普通载玻片厚的特制玻片制成,如图3-6所示。玻片中央有四条凹槽,将玻片分为3个平台,中间的平台较宽,其中间又被一短横槽分为上下两个区域,上面刻有方格网。方格网上有9个大方格,其中中间的大方格为计数室。常见的计数室规格有两种:

① 25×16型,即先将计数室分为25个中方格,每个中方格再细分为16个小方格。
② 16×25型,即先将计数室分为16个中方格,每个中方格再细分为25个小方格。

两种规格都是将计数室分成了400个小格,计数室的长宽均为1mm,深度为0.1mm,其容积为0.1mm^3,每个小格的边长则为1/20mm,面积为1/400mm^2,容积为1/4000mm^3。

3. 稀释样品

将酵母培养液用无菌水进行稀释。稀释度选择以小方格内分布的菌体清晰可数为宜。一般以每小方格内含5~10个菌体为宜。

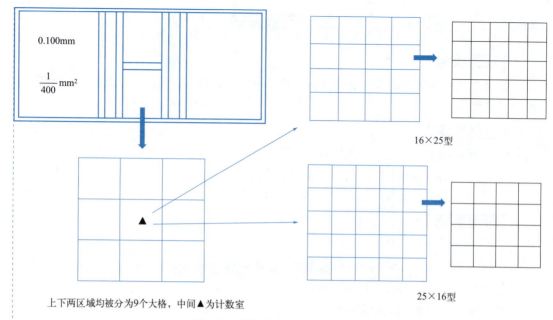

图3-6 血细胞计数板结构及规格

4. 加样品

将清洁干燥的血细胞计数板盖上盖玻片。将稀释后的酵母培养液摇匀，用无菌滴管吸取少许，沿盖玻片边缘滴一小滴，利用毛细管作用使菌液自行渗入计数室中，一般计数室均能充满菌液。滴加时菌液不能太多，也不能有气泡产生。

5. 显微镜计数

加样后静置5min，待菌液不再流动时，将血细胞计数板放在低倍镜下先找到计数室，然后换成高倍镜进行计数。调节显微镜的光线强度适当，对于用反光镜采光的显微镜还需注意光线不要偏向一边，否则不易看清视野中的方格线，或只看见横线或竖线。计数时，规格为25×16型数左上、左下、右上、右下和中间5个中方格，共计80个小格的酵母菌数；规格为16×25型数左上、左下、右上、右下4个中方格，共计100个小格的酵母菌数，如图3-7所示。对于压在中方格边线上的酵母菌，一般是数上不数下，

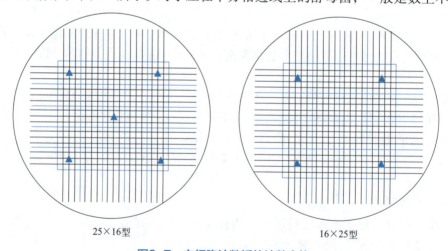

图3-7 血细胞计数板的计数方格

数右不数左。对于出芽的酵母菌，当芽体达到母细胞大小一半时，可算作2个菌体。计数时注意转动细调焦螺旋，以便上下液层的菌体均可观察到。每个样品重复计数2~3次，取其平均值。

6. 计算

（1）25×16型血细胞计数板

$$每毫升菌液含菌数 = \frac{80个小方格中总菌数}{80} \times 400 \times 10000 \times 稀释倍数$$

（2）16×25型血细胞计数板

$$每毫升菌液含菌数 = \frac{100个小方格中总菌数}{100} \times 400 \times 10000 \times 稀释倍数$$

7. 清洗血细胞计数板

计数完毕后，将血细胞计数板在水龙头下冲洗干净，切勿用硬物洗刷，洗完后自行晾干或用吹风机吹干。镜检，每个小方格内应没有残留菌体或其他沉淀物。

8. 注意事项

① 取样时应先将样液摇匀，滴加时计数室内不可有气泡。
② 在计数前若发现菌液太稀或太浓，应调整后再计数。
③ 血细胞计数板不能用硬物洗刷，以免划伤计数方格，影响计数。

【实施报告】

将实验结果填入下表。

显微直接计数法（25×16型）测定细胞数实验报告

菌种名称					菌种来源			
检验指标					检验依据			
计数板规格								
计数次数	中方格的菌数				大方格总菌数	每毫升菌液含菌数	平均值	
	左上	左下	右上	右下	中间			
1								
2								
3								
备注								
检验人： 复核人：						日期： 日期：		

【巩固提升】

① 如何使用血细胞计数板进行细菌直接计数？
② 常用的微生物计数法有哪几种？比较不同方法的优缺点。
③ 微生物生物量的测定方法有哪些，如何计算结果？

模块三 微生物的营养与生长

【任务评价】

显微直接计数法测定细胞数评价表

项目	评分标准	得分
实验准备	工作服穿戴整齐（2分）	
	实验试剂耗材准备齐全（5分）	
检查血细胞计数板	在显微镜低倍镜下检查计数板的计数室，确定无杂质或菌体（3分）	
确定计数板规格	规格确定准确（8分）	
稀释样品	每小方格内含5～10个菌体为宜，浓度不合适进行适当调整（15分）	
加样品	用无菌滴管吸取少许，沿盖玻片边缘滴加（3分）	
	滴加时菌液不能太多，也不能有气泡产生（6分）	
计数	根据确定的计数板规格正确选取中方格计数（20分）	
	对每个方格中的酵母准确计数（10分）	
报告填写	报告填写认真、字迹清晰（3分）	
	计算公式选择正确，实验结果以科学记数法形式表示（10分）	
实验整理	仪器归位，试剂回收，整理台面（5分）	
素质养成	认真细致如实记录实验数据，具备数据处理能力，能够处理实验中的异常情况，具有应变能力（10分）	
备注		
总得分		

 ——— 自我评价

一、知识巩固（判断题：对或错）

1. 在微生物的生长曲线中稳定期的特点是细菌数目以几何级数增长。（　　）
2. 在发酵生产上常用对数期的微生物作为发酵种子。（　　）
3. 在稳定期微生物开始合成代谢产物。（　　）
4. 细菌分裂繁殖一代所需时间为倍增时间。（　　）
5. 凡是影响微生物生长速率的营养成分均称为生长限制因子。（　　）
6. 在最适生长温度下，微生物生长繁殖速度最快，因此生产单细胞蛋白的发酵温度应选择最适生长温度。（　　）
7. 分批培养时，细菌首先经历一个适应期，在此期间细胞处于代谢活动的低潮，所以细胞数目并不增加。（　　）
8. 最适的生长繁殖温度就是微生物代谢的最适温度。（　　）
9. 最低温度是指微生物能生长的温度下限。最高温度是指微生物能生长的温度上限。（　　）
10. 发酵工业上为了提高设备利用率，经常在对数期放罐以提取菌体或代谢产物。（　　）

二、能力提升

实验室进行菌种优化，分离得到一批乳酸菌株，欲分析其生长状况，请设计方案并完成。

模块四

微生物的培养

项目一

培养基的配制

 案例引导

青岛啤酒风味独特,在众多啤酒中一品便知,保证青岛啤酒风味独特的秘密便是传承百年的啤酒酵母。酵母是有生命的活体,每时每刻都在发生着肉眼看不见的变化,需要精心呵护。每年,酿酒师会派专人到世界各地去寻找酵母最爱吃的麦芽,将麦芽糖化成麦汁喂给它,并且还要给酵母"细嚼慢咽"的时间,严格控制"适宜用餐"的温度。这期间也会不停地给酵母体检,看看有没有"营养不良"和"消化不良"。还会定期把酵母送回科研中心进行体检分析,以指导调整酵母的"食谱"和工作环境。

思考:①如何配制酵母菌喜欢的培养基?
②如何对配制好的培养基灭菌?
③如何保证配制好的培养基中没有杂菌?

知识脉络

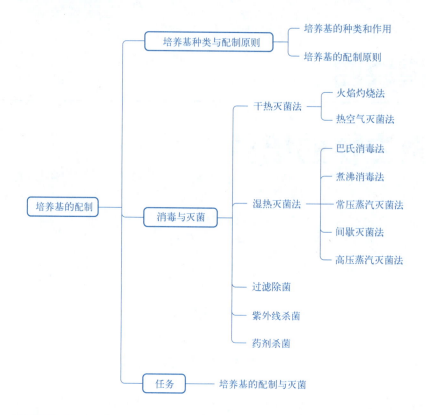

学习目标

知识：①熟悉培养基的概念及类型。
　　　②掌握培养基配制流程。
技能：①能够根据目标菌株的营养特点选择适宜的培养基并进行配制。
　　　②能够正确进行灭菌操作。
素养：①小组分工合作，增强合作意识。
　　　②培养成本意识。

> 知识准备

一、培养基种类与配制原则

为了对微生物进行研究，需要使其在人工培养的条件下生长。培养基是人工配制的，适合微生物生长繁殖或积累代谢产物所需要的营养基质。培养基可用于微生物的分离、培养、鉴定以及微生物发酵生产等方面。

培养基中应含有微生物生长所需的碳源、氮源、水分、无机盐和生长因子等营养物质，结合微生物的营养需求、代谢特点，配制时加入适宜种类和数量的营养物质，同时注意碳氮比、适宜的pH、适当的渗透压，并保持无菌状态等。不同微生物对营养基质的需求不同，特定的培养基可有效促进特定微生物生长繁殖，促使微生物发酵，积累某种代谢产物，控制、抑制其他代谢产物的积累，以达到最佳实验、科研和生产目的。

（一）培养基的种类和作用

1. 按培养基成分划分

（1）天然培养基

天然培养基是利用化学成分尚不清楚或不恒定的天然有机物配制而成的培养基。牛肉膏蛋白胨培养基和麦芽汁培养基就属于此类型。

天然培养基的特点是配制方便，营养丰富，经济节约，适用的微生物种类广泛，除实验室经常使用外，更适合用于工业上大规模的微生物发酵生产。缺点是其成分不清楚，不同厂家生产的或同一厂家不同批次生产的产品成分不稳定，因而不适用于某些实验要求精细的科学实验，结果重复性差。常用的天然有机营养物质包括实验室中常用的牛肉膏、蛋白胨、酵母浸膏，以及工业中常用的豆芽汁、马铃薯、麦曲汁、玉米粉、土壤浸液、麸皮、牛奶、血清、稻草浸汁、羽毛浸汁、胡萝卜汁、椰子汁、植物秸秆等。

（2）合成培养基

利用化学成分和含量完全已知的营养物质配制而成的培养基。高氏Ⅰ号培养基和查氏培养基就属于此类型。合成培养基的特点是成分精确，量易控制，配制重复性强。缺点是配制过程复杂，成本较高，微生物在其中生长速度较慢，一般适用于实验室对微生物进行营养代谢、分类鉴定、菌种选育和遗传分析等要求较高的定性、定量测量和研究等工作。

（3）半合成培养基

半合成培养基既含有天然有机物，又含有已知成分的化学药品，通常在天然培养基的基础上，适当加入已知成分的无机盐类，或在合成培养基的基础上添加某些天然成分而制成。半合成培养基的营养成分更加全面、均衡，能充分满足微生物对营养物质的需要，适用于多数微生物的培养，是实验室和发酵工业最常用的一类培养基。培养霉菌用的马铃薯葡萄糖琼脂培养基就属于此类型。

2. 按物理状态划分

（1）液体培养基

液体培养基是将各种营养物质全部溶解于水中，配制而成的液体状态培养基。微生物在液体培养基中可充分接触养分，有利于生长繁殖及代谢产物的积累，适用于微生物的纯培养。液体培养基便于灭菌、运输和检测，因此在观察菌种的培养特性、研究菌体的理化特征和进行杂菌检查等方面应用极其广泛。在用液体培养基培养微生物时，通过振荡或搅拌可以增加培养基中的含氧量，同时使营养物质分布均匀，常用于大规模工业化生产，如酒精生产、啤酒生产和乳制品生产等。

（2）固体培养基

在液体培养基中加入一定量的凝固剂，使其成为固体状态的培养基。凝固剂的添加量通常为质量分数1.5%~2.0%。理想的凝固剂应具备以下条件：不被所培养的微生物分解利用；在微生物生长的温度范围内保持固体状态；凝固点不能太低，否则不利于微生物的生长；对所培养的微生物无毒害作用；在灭菌过程中不会被破坏；透明度好，黏着力强；配制方便且价格低廉。

常用的凝固剂有琼脂、明胶和硅胶，其中琼脂是绝大多数微生物最理想的凝固剂。琼脂是从藻类（海产石花菜）中提取的一种高度分支的复杂多糖，主要由琼脂糖和琼脂胶两种多糖组成，大多数微生物不能降解琼脂，灭菌过程中不会被破坏，且价格低廉。明胶是由胶原蛋白制备获得的产物，是早期用来作为凝固剂的物质，但由于其凝固点太低，而且某些细菌和许多真菌产生的非特异性胞外蛋白酶以及梭菌产生的特异性胶原酶都能液化明胶，目前已较少作为凝固剂使用。硅胶是无机硅酸钠及硅酸钾被盐酸及硫酸中和凝聚而成的胶体，它不含有机物，适合配制分离与培养自养型微生物的培养基。

除在液体培养基中加入凝固剂制备的固体培养基外，一些由天然固体基质制成的培养基也属于固体培养基。例如由马铃薯块、胡萝卜条、小米、猪皮以及米糠等制成固体状态的培养基，生产酒的酒曲以及生产食用菌的棉籽壳培养基等也属于固体培养基。

在实验室中，固体培养基一般是加入平皿或试管中，制成培养微生物的平板或斜面。固体培养基为微生物提供一个营养表面，单个微生物细胞在这个营养表面进行生长繁殖，可以形成单个菌落。因此，固体培养基在微生物分离、鉴定、计数、菌种保藏等方面起着非常重要的作用。

（3）半固体培养基

液体培养基中加入少量凝固剂使之呈半流体状态或直接将营养物质配制成半流体状态的培养基，凝固剂添加量通常为质量分数0.2%~0.7%。常用于观察细菌运动、菌种保存、菌种鉴定和噬菌体的效价测定等方面。在食品发酵生产中，常用水来稀释固体培养基以获得半固体培养基，如小曲白酒的边糖化边发酵，酱油的高盐稀醪发酵等。

3. 按用途划分

（1）基础培养基

基础培养基是含有一般微生物生长繁殖所需要的基本营养物质的培养基。例如培养细菌的牛肉膏蛋白胨培养基，培养放线菌的高氏Ⅰ号培养基，培养真菌的马铃薯葡萄糖琼脂培养基等都属于基础培养基。基础培养基也可以作为某些特殊培养基的基础成分，再根据某种微生物的特殊营养需求，在基础培养基中加入所需营养物质。

（2）加富培养基

加富培养基为在基础培养基中加入某些特殊营养物质制成的一类营养丰富的培养基。这些特殊营养物质包括血液、血清、酵母浸膏、动植物组织液等。加富培养基一般用来培养某些对营养要求比较苛刻的微生物。如培养百日咳博德特氏菌需要含有血液的加富培养基。加富培养基还可以用来富集和分离所需要的微生物,因为加富培养基中含有某种微生物生长所需的特殊营养物质,使得该微生物在此培养基中较其他微生物生长速度快,逐渐富集而占绝对优势,逐步淘汰其他微生物,从而达到分离的目的。

（3）鉴别培养基

鉴别培养基是在培养基中加入使某种微生物代谢产物产生明显特征变化的物质,从而能用肉眼快速鉴别微生物的培养基。鉴别培养基主要用于微生物的分类鉴定以及分离筛选产生某种代谢产物的菌种。如伊红美蓝培养基,用于鉴别食品中的大肠杆菌,若大肠杆菌存在,其代谢产物与伊红、美蓝结合,使菌落呈现深紫色并带有金属光泽。部分常用鉴别培养基见表4-1。

表4-1 部分常用鉴别培养基

培养基名称	加入化学物质	微生物代谢产物	培养基特征	主要用途
酪素培养基	酪素	胞外蛋白酶	蛋白水解圈	鉴别产胞外酶菌株
明胶培养基	明胶	胞外蛋白酶	明胶液化	
油脂培养基	食用油、中性红指示剂	胞外蛋白酶	由淡红色变成深红色	鉴别产脂肪酶菌株
淀粉培养基	可溶性淀粉	胞外蛋白酶	淀粉水解圈	鉴别产淀粉酶菌株
硫化氢培养基	醋酸铅	硫化氢	产生黑色沉淀	鉴别产硫化氢菌株
糖发酵培养基	溴甲酚紫	乳酸、醋酸、丙酸等	由紫色变成黄色	鉴别肠道细菌
远藤式培养基	碱性复红、亚硫酸钠	酸、乙醛	带金属光泽的深红色菌落	鉴别大肠菌群
伊红美蓝培养基	伊红、美蓝	酸	带金属光泽的深紫色菌落	

（4）选择培养基

选择培养基是将某种或某类微生物从混杂的微生物群体中分离出来的培养基。根据不同种类微生物的特殊营养需求或对某种化学物质的敏感性不同,在培养基中加入相应特殊营养物质或化学物质,抑制不需要的微生物的生长,有利于所需微生物的生长。现代基因克隆技术中也常用选择培养基,在筛选含有重组质粒的基因工程菌株过程中,利用质粒上具有的对某种(些)抗生素的抗性选择标记,在培养基中加入相应抗生素,能够比较方便地淘汰非重组菌株,以减少筛选目标菌株的工作量。从某种意义上讲,选择培养基与加富培养基类似,两者区别在于,选择培养基是抑制不需要的微生物的生长,使所需微生物增殖,而达到分离所需微生物的目的;加富培养基是增加待分离微生物数量,使其形成生长优势,从而分离得到该种微生物。部分选择培养基设计见表4-2。

表4-2 部分选择培养基设计

设计原理	欲分离微生物	选择培养基设计
满足欲分离微生物的特殊营养需求	分解纤维素或石蜡油的微生物	以纤维素或石蜡油作为唯一碳源
	产胞外蛋白酶的微生物	以蛋白质作为唯一氮源
	固氮微生物	缺乏氮源的培养基

续表

设计原理	欲分离微生物	选择培养基设计
在培养基中加入某化学物质，抑制或杀死其他微生物	伤寒沙门氏菌	在培养基中加入亚硫酸铵
	革兰氏阴性菌	在培养基中加入染料亮绿或结晶紫
	酵母菌和霉菌	在培养基中加入青霉素、四环素或链霉素
	放线菌	在培养基中加入数滴10%的酚

（5）生产用培养基

在生产实践中经常使用孢子培养基、种子培养基和发酵培养基。

① 孢子培养基：用来使菌种产生孢子的固体培养基。孢子培养基能使菌体迅速生长，并产生大量优质孢子，不易引起变异。孢子培养基要求营养不能太丰富，尤其是氮源，否则不易产生孢子；无机盐浓度适当，否则影响孢子的颜色和数量；培养基的湿度和pH也会对孢子产量产生影响。工业生产常用的孢子培养基包括麸皮培养基、小米培养基、大米培养基和玉米碎屑培养基等。

② 种子培养基：专门用于微生物孢子萌发、大量生长繁殖、产生足够菌体的培养基。种子培养基的特点是营养丰富、安全、氮源和维生素含量高、易被利用等。种子培养基一般要求培养基中含有丰富的天然有机氮源，因为某些氨基酸可以刺激孢子萌发。如酱油生产中使用的由麸皮、豆粕、水等配制的种子培养基。

③ 发酵培养基：专门用于微生物积累大量代谢产物的培养基。发酵培养基要求营养成分总量较高，碳氮比适宜。发酵培养基不是微生物最适生长培养基，它适用于菌种生长、繁殖和合成代谢产物之用，是为了使微生物迅速地、最大限度地产生代谢产物。

除上述类型外，培养基按用途还包括分析培养基、组织培养基和还原性培养基等。分析培养基常用来分析某些化学物质，如抗生素、维生素的浓度，还可用来分析微生物的营养需求。组织培养基中含有动植物细胞，可以用来培养病毒、衣原体、某些螺旋体等专性活细胞寄生的微生物。还原性培养基专门用来培养厌氧型微生物。尽管如此，有些病毒和立克次氏体目前还不能利用人工培养基来培养，需要接种在动植物体内、动植物组织中才能增殖，如小白鼠、家鼠、鸡胚等都是良好营养基质。鸡瘟病毒、牛痘病毒、天花病毒、狂犬病毒等十几种病毒都可用鸡胚培养。

（二）培养基的配制原则

1. 明确配制目的

在进行培养基配制之前，需要明确这几个问题：一是欲培养何种微生物；二是欲得到何种目的产物；三是用于何种用途。比如对微生物是进行菌种鉴别还是生物学特性研究；是进行一般实验还是生理、生化、遗传学研究；是用作一般实验室研究，还是大批量生产使用；是需要收获微生物菌体本身，还是利用微生物生产发酵食品或累积代谢产物；是生产含氮量低的发酵产物还是生产含氮量高的发酵产物等。不同种类的微生物对营养物质的需求不同；同一种微生物，培养目的不同，所需的营养物质也不同。因此，明确培养基配制的目的是培养基配制的首要问题。

2. 选择营养物质

微生物生长繁殖需要的营养物质有碳源、氮源、无机盐、生长因子和水等，但由于微生物营养类型复杂，不同类型微生物对营养物质的需求不同，首先要根据微生物的营养需求配制相对应的培养基。比如自养型微生物能用简单的无机物合成自身需要的糖类、脂类、蛋白质、核酸、维生素等复杂的有机物，因此培养自养型微生物的培养基完全可以由无机物组成，而异养型微生物的培养基中至少要有一种有机物。自生固氮微生物的培养基不需要添加氮源，否则会丧失固氮能力。对于某些需要生长因子才能生长的微生物，还需要在培养基中添加它们所需要的生长因子。

就微生物类型而言，有细菌、放线菌、酵母菌、霉菌、原生动物、藻类及病毒等，培养它们所需的培养基也各不相同。在实验室中常用牛肉膏蛋白胨培养基（或简称普通肉汤培养基）培养细菌；用高氏Ⅰ号培养基培养放线菌；用麦芽汁培养基（或马铃薯葡萄糖琼脂培养基）培养酵母菌；用查氏培养基（或马铃薯葡萄糖琼脂培养基）培养霉菌。

3. 控制浓度及配比

培养基中营养物质浓度适宜微生物才能生长良好，营养物质浓度过低时不能满足微生物正常生长需要，过高时则可能对微生物生长起到抑制作用。例如高浓度糖类物质、无机盐、重金属离子等，不仅不能维持和促进微生物的生长，反而会抑制或杀死微生物。另外，培养基中营养物质的配比，尤其是碳氮比，也会直接影响微生物的生长繁殖和代谢产物的形成与积累。碳氮比一般是指培养基中碳元素与氮元素的物质的量之比，但在实际生产中常用还原糖的含量与粗蛋白含量的比值表示。通常细菌和酵母菌培养基的碳氮比为 5∶1，霉菌培养基的碳氮比为 10∶1。发酵工业中通过控制培养基的碳氮比来控制微生物的代谢。如在谷氨酸的生产发酵中，当培养基的碳氮比为 4∶1 时，菌体大量繁殖，谷氨酸积累较少；当培养基的碳氮比为 3∶1 时，菌体繁殖受到抑制，谷氨酸则大量合成。在抗生素发酵生产过程中，可以通过控制培养基中速效氮源与迟效氮源之间的比例来控制协调菌体生长与抗生素的合成。

培养基中各种无机盐类的含量也要控制和均衡。单一无机盐类的含量过高，会影响微生物对其他矿物质元素的吸收，甚至可能对细胞产生毒害作用。配制培养基时，通常选用一些多功能的无机盐。如在培养基中加入适量的 KH_2PO_4 和 Na_2HPO_4，不仅能为微生物提供 K、Na 和 P 元素，还可作为缓冲剂起到稳定培养基 pH 的作用。此外，对于某些微生物，还要加入一定的生长因子。如在乳酸菌培养过程中，需要加入一定量的氨基酸和维生素。

4. 控制 pH

培养基的 pH 必须控制在一定范围内，以满足不同类型微生物的生长繁殖或产生代谢产物的需要。一般来讲，细菌生长的最适 pH 为 7.0～8.0；放线菌生长的最适 pH 为 7.5～8.5；酵母菌生长的最适 pH 为 3.8～6.0；霉菌生长的最适 pH 为 4.0～5.8。

微生物在生长、繁殖和代谢过程中，营养物质不断被分解利用和代谢产物逐渐生成与积累，导致培养基的 pH 发生变化。因此，为了维持培养基 pH 的相对恒定，通常在培养基中加入缓冲剂以减缓培养过程中 pH 的变化。常用的缓冲剂是一氢磷酸盐和二氢磷酸盐（如 K_2HPO_4 和 KH_2PO_4）组成的混合物。K_2HPO_4 溶液呈碱性，KH_2PO_4 溶液呈酸性，两种物质的等量混合溶液 pH 为 6.8。当培养基中酸性物质累积导致 H^+ 浓度增加时，H^+ 与弱碱性盐结合形成弱酸性化合物，培养基 pH 不会过度降低；如果培养基中 OH^- 浓度增加，OH^- 则与弱酸性盐结合形成弱碱性化合物，培养基 pH 也不会过度升高。

K_2HPO_4 和 KH_2PO_4 缓冲系统只能在一定的 pH 范围（pH6.4～7.2）内起调节作用，

但有些微生物,如乳酸菌能产生大量乳酸,上述缓冲系统难以起到有效的缓冲作用,此时可以在培养基中添加难溶的碳酸盐(如 $CaCO_3$)来进行调节。$CaCO_3$ 难溶于水,不会使培养基 pH 过度升高,但可以不断中和微生物产生的酸,同时释放出 CO_2,将培养基 pH 控制在一定范围内。在培养基中还存在一些天然的缓冲系统,如氨基酸、肽、蛋白质都属于两性电解质,也可以起到缓冲剂的作用。

5. 调节氧化还原电位

不同类型微生物的生长对氧化还原电位的要求不一样,一般好氧微生物在氧化还原电位为 +0.1V 以上时可正常生长,一般以 +0.3~+0.4V 为宜。厌氧微生物只能在低于 +0.1V 条件下生长,兼性厌氧微生物在 +0.1V 以上时进行好氧呼吸,在 +0.1V 以下时进行发酵。氧化还原电位值与氧分压和 pH 有关,也受某些微生物代谢产物的影响。在 pH 相对稳定的条件下,可通过增加通气量(如振荡培养、搅拌、通无菌空气等)提高培养基的氧分压,或加入氧化剂,从而增加氧化还原电位;在培养基中加入抗坏血酸、硫化氢、半胱氨酸、谷胱甘肽、二硫苏糖醇等还原性物质可降低氧化还原电位。

> **互动讨论**
>
> 微生物是不是和我们一样生长过程中离不开氧气?如何满足不同类型微生物的氧气需求?

6. 调节渗透压

绝大多数微生物适宜在等渗溶液中生长。高渗溶液会使细胞发生质壁分离,而低渗溶液则会使细胞吸水膨胀,细胞壁脆弱的细胞或各种缺壁细胞(如原生质体、支原体等)会因过度吸水而膨胀死亡。一般培养基的渗透压都是适合微生物生长的,但为了特殊需要,有时需增大某一营养物质或矿物质盐的用量。当培养嗜盐微生物(如嗜盐细菌)和嗜渗透微生物(如高渗酵母)时便需要提高培养基的渗透压。培养嗜盐微生物时常加适量氯化钠;培养海洋微生物时氯化钠的质量分数可达到 3.5%;培养嗜渗透微生物时,蔗糖浓度可接近饱和。一般情况下,革兰氏阳性菌的渗透压为 $2×10^6Pa$,革兰氏阴性菌的渗透压则为 $5×10^5~1×10^6Pa$。

7. 经济节约

配制培养基时,在不影响培养效果的前提下,应尽量选择廉价且易于获得的原料作为培养基的成分。特别是在发酵工业中,培养基用量很大,选择廉价的原料可以有效降低产品成本。如在微生物单细胞蛋白的工业生产中,糖蜜(制糖工业中含有蔗糖的废液)、乳清(乳制品工业中含有乳糖的废液)、豆制品工业废液和黑废液(造纸工业中含有戊糖和己糖的亚硫酸纸浆)等均可作为培养基的原料。工业上的甲烷发酵主要利用废水、废渣作原料,而在我国农村,已经推广和使用人畜粪便及禾草为原料发酵生产甲烷。大量的农副产品或制品,如麸皮、谷皮、米糠、玉米浆、酵母浸膏、酒糟、豆饼、花生饼、蛋白胨、淀粉渣等都是常用的发酵工业原料。

二、消毒与灭菌

在工农业生产和人们的生活中,微生物的生长繁殖既有其有益的方面,同时也存在有害的方面。在发酵工业中杂菌的污染，往往会造成生产水平下降。在生活中，食品污染了病原菌会极大威胁人体的身体健康，因此可利用环境对微生物的影响，控制其生长繁殖，从而达到抑制或杀死有害微生物的目的。

（1）防腐

利用某些理化因子，使物体内外的微生物暂时处于不生长、不繁殖但又未死亡的状态。这是一种抑菌作用，是防止食品腐败变质的有效措施。常用的防腐方法有低温、缺氧、干燥、高渗、高酸以及加防腐剂等。

（2）消毒

消毒指用较温和的理化因素杀死一定范围内的病原微生物，达到无传染性的目的，而对被消毒对象基本无害。消毒仅杀死物体表面或内部一部分对人体或动植物有害的病原菌，对非病原性微生物及芽孢并不要求全部杀死。例如，一些常用的对皮肤、水果、饮用水进行的药剂消毒的方法，对啤酒、牛奶、果汁、酱油、醋等进行消毒处理的巴氏消毒法。

（3）灭菌

利用强烈的物化因素，使存在于物体中的所有微生物，包括最耐热的细菌芽孢，永久丧失其生命活力的措施。这是一种彻底的杀菌方式，经过灭菌后的物品称为无菌物品，如培养基、手术器械、注射用具等都要求绝对无菌。

无菌灭菌技术

（4）商业无菌

食品经过杀菌处理后，在所检食品中无活的微生物检出，或仅能检出极少数的非病原微生物。在商品流通及贮藏过程中，残存的微生物不能生长繁殖，不会引起食品腐败变质而影响人体健康。

（5）死亡

对于微生物来说，死亡就是不可逆地丧失了生长繁殖能力，死亡后即使再将其放到合适的培养环境中也不能再次生长繁殖。要直接判断非活动细胞和死亡细胞是比较困难的，因此在检查理化因素对微生物的致死作用时，通常是将处理后的微生物接种到适宜的固体或液体培养基中，经过培养，观察其能否再次生长繁殖而作出判断。

> **互动讨论**
>
> 生活中常用的灭菌方式有哪些？可以采取哪些措施抑制微生物的生长和繁殖？

常见的消毒灭菌方法有如下几种。

（一）干热灭菌法

干热灭菌是一种利用火焰或热空气杀死微生物的方法，简单易行，但使用范围有限。

1. 火焰灼烧法

将待灭菌物品放置在火焰上灼烧，直接将微生物烧死，这是一种彻底又迅速的干热灭菌法，但其破坏力极强，常用于对金属性接种工具、试管口、污染物品及实验材料等废弃物的处理。常用的工具有酒精灯、煤气灯等。操作时将需要灭菌的器具在火焰上来回通过几次，一切微生物的营养体和芽孢便可全部杀死，从而达到无菌程度。

模块四　微生物的培养

2. 热空气灭菌法

将待灭菌物品置于干热灭菌箱中，利用热空气进行灭菌，由于蛋白质在干燥无水的情况下不容易凝固，而且干热空气穿透力较差，因此干热灭菌需要较高的温度和较长的时间。通常在150～170℃温度下处理1～2h，即可彻底灭菌（包括杀死细菌的芽孢）。当被处理物品传热性较差、体积较大或堆积过挤时，需要适当延长灭菌时间。此法可保持待灭菌物品干燥，但只适用于玻璃器皿、金属用具等耐热物品的灭菌，对于培养基等含有水分的物质、高温下易变形的塑料制品及乳胶制品等则不适合使用。灭菌结束后，一定要自然降温至60℃以下才能打开箱门，否则玻璃器皿会因温度急剧变化而破裂。此外，灭菌物品用纸包裹或带有棉塞时，必须控制温度不超过170℃，否则容易燃烧。

（二）湿热灭菌法

湿热灭菌主要是利用煮沸或饱和热蒸汽等杀死微生物。在同样温度和相同作用时间下，湿热灭菌比干热灭菌的效果好，主要是因为热蒸汽穿透能力强，可以迅速引起菌体蛋白质变性。蒸汽凝固时释放大量热能迅速提高灭菌物品的温度，湿热灭菌被广泛用于培养基和发酵设备的灭菌。

1. 巴氏消毒法

一种专门用于牛奶、果酒、啤酒或酱油等不宜进行高温灭菌的液态风味食品或调料的低温消毒方法。即用较低的温度（62～63℃，30min）处理牛奶、酒类等饮料，以杀死其中的病原微生物，但又不损害食品本身的营养与风味。将处理后的物品迅速冷却至10℃左右即可饮用。

2. 煮沸消毒法

将物品在100℃下煮沸15min以上，以杀死细菌的营养细胞和部分芽孢。若延长煮沸时间，并在水中加入1%碳酸钠或2%～5%苯酚（石炭酸），效果更好。该方法常用于饮用水的消毒。

3. 常压蒸汽灭菌法

在常压下进行的湿热灭菌方法。在灭菌温度达到100℃以后，维持8～10h，以达到灭菌的目的。灭菌时，灭菌物品之间要适当留有空隙，利于湿热蒸汽流通和穿透，以提高灭菌效果。灭菌温度要迅速升至100℃，以防止微生物大量繁殖。达到灭菌效果后，待锅内温度降下来后才可打开，趁热取出灭菌物品。

4. 间歇灭菌法

将待灭菌物品放置于盛有适量水的专用灭菌器内，利用流通蒸汽对其进行反复多次处理的灭菌方法。采用该方法灭菌比较费时，因此一般只用于不耐热的营养物、药品、特殊培养基等的灭菌。其操作是将待灭菌物品置于灭菌器或蒸锅中，常压下100℃处理15～30min，以杀死其中所有微生物的营养体。待冷却后，置于37℃下保温过夜，以诱使残存的芽孢萌发，然后再以同样的方法加热处理。如此反复三次，可达到灭菌目的。

5. 高压蒸汽灭菌法

此方法为实验室及生产中最常用的灭菌方法，又称为加压蒸汽灭菌法。该法是利用高压使水的沸点温度升高，以及水蒸气的强穿透能力，加之蛋白质在湿热条件下容易变性，从而杀死微生物细胞和芽孢，达到灭菌目的。此高压蒸汽灭菌法在湿热灭菌法中效果最佳，应用最广。它适用于各种耐热物品的灭菌，例如各种缓冲液、生理盐水、一般培养基、金属用具、敷料、玻璃器皿、工作服等。在热蒸汽条件下，微生物及其芽孢或孢子在121℃的高温下经过15～30min可全部被杀死。斜面试管培养基灭菌时在121℃下经30min即可达到灭菌目的。当对体积较大的原种或栽培种培养基进行灭菌，热力不易穿透时，温度可升高到128℃，灭菌1.5～2h即可达到灭菌目的。常见高压蒸汽灭菌锅如图4-1所示。

(a) 立式高压蒸汽灭菌锅　　　　　(b) 手提式高压蒸汽灭菌锅

图4-1　常见高压蒸汽灭菌锅

（三）过滤除菌

过滤除菌是用物理阻留的方法将液体或空气中的细菌除去，以达到无菌的目的，一般使用的是含有微小孔径的滤菌器。常用的滤菌器有薄膜滤菌器（0.45μm和0.22μm孔径）、陶瓷滤菌器、石棉滤菌器、烧结玻璃滤菌器等。用最大孔径不超过1μm的滤菌器过滤可得到无菌滤液，常用于血清、毒素、抗生素等不耐热生物制品及空气的除菌。

（四）紫外线杀菌

紫外线杀菌是利用紫外线照射物体，使物体表面的微生物细胞内的DNA和蛋白质分子构造发生变化而导致死亡。当微生物被紫外线照射时，其细胞中的部分氨基酸和核酸因吸收紫外线而产生光化学作用，造成这些分子变性失活，同时空气受紫外线照射后产生微量臭氧，在二者共同作用下导致微生物死亡。但经紫外线照射的微生物如果立即暴露于可见光下，受损伤的DNA可以被修复，这种作用称为光复活修复作用。

紫外线的杀菌效果与菌种及其生理状态有关。有些自带色素的微生物具有抗紫外辐射的作用，原因是多数色素可以吸收紫外线，降低了其对敏感核物质的照射量。二倍体和多倍体比单倍体细胞抗紫外线能力强；孢子比营养体的抗性强；干燥细胞比湿润细胞的抗性强。紫外线对病毒的灭活效果较好。

240～280nm波段的紫外线杀菌能力较强，多以253.7nm作为紫外线杀菌的波长。紫外线穿透性较差，属于纯物理消毒方法，具有简洁、广谱、高效、无二次污染等特点，便于管理和实现自动化。一般情况下，紫外线主要用作食品工厂、车间、设备、包装材料表面以及水的杀菌等。另外紫外线也可以结合臭氧、过氧化氢等强氧化剂来进行杀菌。紫外线杀菌是接种室、培养室和手术室进行空气灭菌的常用方法。市售紫外灯有30W、20W和15W等多种规格。灭菌常选用30W，菌种诱变多选用15W。紫外灯的有效作用距离为1.5～2m，以1m内效果最好。

（五）药剂杀菌

药剂杀菌是使用能杀死微生物或抑制微生物生命活动的化学药剂进行杀菌的方法。理想的药剂应该为杀菌力强、使用方便、价格低廉、对人畜无害、无嗅无味的。

1. 甲醛

一般为含甲醛40%的水溶液，即福尔马林。它具有强烈的刺激臭味，能使微生物蛋白质变性，对细菌和病毒具有强烈的杀伤作用。常用于熏蒸接种室、接种箱和培养室的消毒。甲醛气体对人的皮肤和黏膜组织有刺激损害作用，消毒后应迅速离开消毒现场。熏蒸后若气味过浓，影响操作，可在室内喷洒少量浓氨水，以去除剩余的甲醛气体。

2. 高锰酸钾

高锰酸钾是紫色针状结晶，可溶于水，是一种强氧化剂。它可使微生物的蛋白质和氨基酸氧化，从而抑制微生物的生长，达到灭菌的目的。0.1%的高锰酸钾溶液便具有杀菌作用，常用于器具表面消毒。高锰酸钾溶液配制后不宜久放，应随配随用。

3. 酒精

酒精能使细菌蛋白质脱水变性，致使细菌死亡。75%酒精的杀菌作用最强，可用于皮肤、器皿或子实体表面消毒。酒精易燃易挥发，应密封保存。

4. 苯酚

苯酚又称石炭酸，是白色结晶，在空气中氧化成粉红色，见光变为深红色，有特殊气味和腐蚀性，能损害微生物的细胞膜，使蛋白质变性或沉淀。一般3%～5%的苯酚水溶液用于环境和器皿消毒。使用时刺激性较强，对皮肤有腐蚀作用，应加以注意。

5. 来苏尔

来苏尔是煤酚皂溶液的俗名，通常为含50%杂酚（邻、对、间位三种甲酚的混合物）的肥皂溶液，呈黄棕色或红棕色。其1%～2%的水溶液可用于手、接种室及培养室的消毒。

6. 新洁尔灭

新洁尔灭是一种具有消毒作用的表面活性剂。常使用0.25%的溶液来进行器具和皮肤消毒，也可用于接种箱或接种室内喷雾消毒。对人畜的毒性较小，不宜久存，应随配随用。

7. 漂白粉

漂白粉是次氯酸钙、氯化钙和氢氧化钙的混合物，为灰白色粉末或颗粒，有氯气臭味，易溶于水。漂白粉在水中分解成次氯酸，渗入菌体内，可使微生物蛋白质变性，导致微生物死亡。漂白粉对细菌、芽孢、病毒、酵母菌及霉菌等均有杀菌作用。可将漂白粉配成2%～3%的水溶液，洗刷接种室内的墙壁、培养架及用具等，漂白粉水溶液杀菌的持续时间短，应随配随用。

知识拓展

牛奶的保质期为何差距很大？

超市中卖的牛奶保质期有几天的，也有能保存好几个月的，差距这么大，是为什么呢？

牛奶之所以存在不同的保质期，是因为其杀菌方式和包装方式不同。牛奶的杀菌主要分为两种。

① 巴氏杀菌法：巴氏杀菌法利用较低的温度，一般在 60~85℃，就可以杀死致病菌，保存牛奶中的风味物质，是一种损失较少的热杀菌消毒法。保质期一般为 2~7 天，需要冷链运输，冷藏保存。

② 超高温灭菌法：超高温灭菌法是把牛奶瞬间加热到 135~150℃，持续 2~6s，几乎能杀灭全部细菌，保质期达到 6 个月以上，而且可以常温储存，因此又叫常温奶。

牛奶中含有丰富的脂肪、蛋白质、糖类、维生素及微量元素等，这些营养成分随着热处理的进行会发生相应的变化。通常而言，热处理强度越大，营养成分损失越多。加工过程中超高温还会使牛奶产生一定的"焦糊味"，掩盖奶本来的风味。相比于超高温灭菌法，巴氏杀菌能更好地保持牛奶风味，但巴氏杀菌奶的灭菌效率低于超高温灭菌奶，所以对细菌总数要求更严一些。

 工作任务

任务　培养基的配制与灭菌

培养基的配制技术

【任务概述】

某生产企业安全检测中心对其公司生产的方便面及其调味料进行质量抽检，欲测定排骨调味酱包的菌落总数，请配制菌落总数计数用培养基并灭菌。

【任务要求】

① 熟悉培养基的类型。
② 能够配制培养基，并使用高压蒸汽灭菌锅灭菌。
③ 通过培养基成分的选择与称量，培养成本意识。

【任务实施】

一、任务分析

配制菌落总数计数用培养基并灭菌，需明确以下问题：
① 菌落总数测定使用何种培养基？
② 采用何种方法对培养基进行灭菌？灭菌条件是什么？
③ 如何检验灭菌效果？

二、材料准备

① 药品与试剂：胰蛋白胨、酵母浸膏、葡萄糖、琼脂、蒸馏水。
② 仪器与器皿：高压蒸汽灭菌锅、天平、干燥箱、电炉、药匙、称量纸、烧杯、玻璃棒、pH 试纸、漏斗、铁架台、橡胶管、弹簧夹、锥形瓶、试管、培养皿、棉塞、棉绳、报纸或牛皮纸、标签等。

三、实施步骤

1. 试剂称量

根据培养基配方，准确计算并称取各种试剂成分。

模块四　微生物的培养　109

2. 溶解

在烧杯中加所需水量的一半,然后依次将各种试剂加入水中,用玻璃棒搅拌使之溶解。有些不易溶解的试剂,如牛肉膏、蛋白胨等,可事先在小烧杯中加入少量水,加热使其溶解后再加入到烧杯中。如有些试剂使用量很少,不易称量,可先配制成高浓度的溶液,按比例换算后取一定体积的溶液加入烧杯中。待试剂全部放入烧杯后加热,使其充分溶解并补足需要的全部水分,混合均匀,即为液体培养基。

在配制固体培养基时,应预先将琼脂称量好,然后将液体培养基煮沸,再把琼脂加入,继续加热至琼脂完全熔化。在加热过程中应注意不断搅拌,防止琼脂沉淀在锅底烧焦,并应控制好火力,以免培养基因暴沸而溢出烧杯。待琼脂完全熔化后,再用热水补足因蒸发而损失的水分。

3. 调节 pH

液体培养基配好后,如果要求为自然 pH 时,培养基不需要调节 pH,除此之外,一般都需要进行 pH 调节。调节 pH 应当待溶解的营养物质完全溶解并冷却至室温时才能进行。调节 pH 之前应预先测定培养基的初始 pH,可以使用精密 pH 试纸进行测定。用玻璃棒蘸取少许培养基,点在试纸上使其显色,然后与标准比色卡进行比对,确定其pH。常用 15% 的盐酸或氢氧化钠溶液进行调节。此方法简便快速,但难以精确调节。要精确调节培养基的 pH 可使用 pH 计。

固体培养基 pH 的调节方法与液体培养基相同,一般在加入琼脂后进行。进行 pH 调节时,应注意将培养基温度保持在 80℃以上,防止因琼脂凝固而影响调节操作。

4. 分装与包扎

培养基配好后,按照不同的使用目的,分装到试管或锥形瓶中。试管分装时,取漏斗一个,装在铁架台上,漏斗下连一根橡胶管与另一玻璃管嘴相连,橡胶管上加一弹簧夹。分装时,用左手拿住空试管中部,并将漏斗下的玻璃管嘴插试管内,以右手拇指及食指开放弹簧夹,使培养基直接流入试管内。

装入试管的培养基视试管大小及需要而定。对于液体培养基,分装至试管高度的1/4 左右为宜;对于固体培养基,分装至试管高度的 1/5 为宜;对于半固体培养基,分装至试管高度的 1/3~1/2 为宜。用锥形瓶分装培养基时容量以不超过容积的一半为宜(图 4-2)。

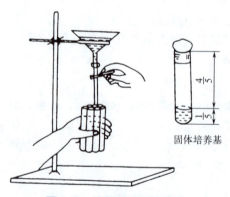

图 4-2 培养基的试管分装

培养基分装完毕后,在试管口或三角瓶口塞上棉塞,以阻止外界微生物进入培养基而造成污染，并保证有良好的通气性能。加塞后将全部试管用棉绳捆好，再在棉塞外包一层牛皮纸或报纸，防止灭菌时冷凝水润湿棉塞，然后用一道棉绳扎好，贴上标签。锥形瓶加塞后，外包牛皮纸或报纸，用棉绳以活结的形式扎好，同样贴上标签。

5. 灭菌

培养基的灭菌采用的是高压蒸汽灭菌法，使用的仪器是高压蒸汽灭菌锅。

（1）加水

打开灭菌锅盖，将内胆取出，向锅内加水加到水位线。水不能加得过少，以免灭菌锅烧干引起爆炸。

（2）装锅

将待灭菌的物品放入灭菌锅的搁架中，不要装得太满，物品之间要留有适当的空隙以利于蒸汽的流通。装有培养基的容器放置时要防止液体溢出，瓶塞不要紧贴锅壁，防止冷凝水沾湿棉塞。

（3）加盖

盖上锅盖，对齐螺口，对称地拧紧对角的螺栓，保证灭菌时不漏气，打开放气阀。

（4）排气

加热使水沸腾，锅中产生的水蒸气和空气一起从放气阀中排出。当有大量蒸汽排出时，维持5min，将锅内的冷空气完全排尽，然后关闭放气阀。

（5）灭菌

放气阀关闭后，锅内的压力开始上升，当上升到所需压力时，开始计时。培养基的灭菌条件一般为121℃（0.1MPa），15～30min。待达到规定时间后，停止加热，锅内的压力慢慢下降，最后降至0。打开放气阀，放净锅内剩余的蒸汽，打开锅盖，取出灭菌物品，注意不要烫伤。在锅内压力未完全降到0时，切勿打开锅盖，否则会造成培养基剧烈沸腾冲出锥形瓶口或试管口，造成灭菌失败，引起杂菌污染。

6. 倒平板、摆斜面

固体培养基在灭菌后要趁热倒平板或摆斜面，以防凝固。

（1）倒平板

将已灭菌的固体培养基冷却至50℃左右，倾入无菌培养皿中，如果温度过高，则容易在皿盖上形成太多的冷凝水；如果温度过低，则培养基容易凝固。倾倒操作应在无菌操作台上的酒精灯火焰旁进行。右手的小指和手掌将锥形瓶的棉塞拔出并夹住，然后握住锥形瓶的底部，左手持培养皿，大拇指和中指将培养皿盖儿打开一道缝，宽度为瓶口刚好深入为宜，倾入培养基约12～15mL。迅速盖好皿盖，于台面上轻轻旋转晃动，使培养基均匀分布于整个培养皿底部，静置，冷却，待凝固后备用（图4-3）。

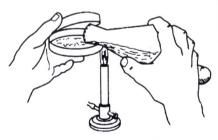

图4-3 倒平板示意图

（2）摆斜面

将灭菌的试管培养基冷却至50℃左右，试管口搁在玻璃棒或其他高度适合的器具上，斜面的长度不超过试管长度的1/2。摆放时注意不可使培养基沾污棉塞，且冷却凝固过程中切勿移动试管。制成斜面以稍有凝结水析出为佳。待斜面完全凝固后，再收起备用。制作半固体或固体深层培养基时，灭菌后应直接垂直放置，直至冷却凝固（图4-4）。

7. 无菌检查

灭菌后的培养基一般需要进行无菌检查。通常从灭菌的试管或锥形瓶中取出1~2份，于30~37℃下保温培养1~2天。如发现有杂菌生长，应及时再次灭菌，保证培养基使用时是绝对无菌的。

图4-4　摆斜面示意图

8. 操作注意事项

① 高压蒸汽灭菌可影响某些培养基的pH，故灭菌的压力不宜过高或灭菌的次数不宜太多，以免影响培养基的质量。

② 培养基需要保持澄清，便于观察微生物的生长。

③ 培养基制备完毕后，应立即进行高压蒸汽灭菌。如延误时间，杂菌会繁殖生长，导致培养基变质而不能使用。若不能立即进行灭菌，可将培养基暂放于4℃冰箱或冰柜中，但时间也不宜过久。

④ 固体培养基不能反复熔化，反复熔化会破坏培养基中的营养成分。

⑤ 培养基在分装时应注意不要使培养基沾染试管口或锥形瓶口以免浸湿棉塞引起污染。

⑥ 固体培养基倒平板时应在无菌操作台中进行，保证不被杂菌污染。

⑦ 固体培养基冷却后如果出现不凝固的情况，其原因可能有：培养基在制备的过程中过度加热；培养基的低pH造成培养基的酸解；琼脂的使用量不正确；琼脂未完全溶解或培养基成分未混合均匀。

【实施报告】

培养基制备完成后填写下表。

培养基的配制与灭菌实验报告

菌种名称		菌种来源	
培养基名称		制备时间	
分装类型	灭菌条件	数量	存放地点

培养基配制过程：

无菌检查结果	
备注	

检验员：　　　　　　　　　　　　　　　　日期：
复核人：　　　　　　　　　　　　　　　　日期：

【巩固提升】

① 培养基如何划分类型的，各有何特点？
② 如何调节培养基的 pH 和氧化还原电位？
③ 如何使用高压蒸汽灭菌法进行培养基灭菌？

【任务评价】

培养基的配制与灭菌评价表

项目	评分标准	得分
实验准备	工作服穿戴整齐（2分）	
	实验试剂耗材准备齐全（5分）	
原料称量	准确称量各种原料（5分）	
	药品不混杂，使用节约（3分）	
溶解	原料充分溶解，加热溶解琼脂，无暴沸溢出现象（5分）	
调节 pH	使用盐酸或氢氧化钠准确进行 pH 调节（3分）	
分装与包扎	培养基未沾污管口（5分）	
	试管分装至 1/5 左右（7分）	
	锥形瓶分装不超过 1/2 体积（8分）	
灭菌	正确使用高压蒸汽灭菌锅（10分）	
	灭菌条件设置准确（5分）	
倒平板摆斜面	倒平板，严格无菌操作，倾入适量体积培养基，凝固后光滑平整（8分）	
	斜面的长度不超过管长度的 1/2，斜面光滑，棉塞无沾污（8分）	
无菌检查	制作好的培养皿和斜面无杂菌生长（6分）	
报告填写	报告填写准确，字迹清楚（5分）	
实验整理	仪器归位，试剂回收，整理台面（5分）	
素质养成	小组分工合作，具有合作意识；节约试剂和原料，具有成本意识（10分）	
备注		
总得分		

项目二

微生物的纯培养

 案例引导

很久以前，人们对麦芽汁发酵变成啤酒感到神秘莫测。直到1880年，丹麦科学家汉森将纯种分离出的各种酵母分别放入麦芽汁中发酵，结果发现有些酵母能使发酵正常进行，产生啤酒，汉森称这种酵母为"良性酵母"；而有一部分酵母则产生怪味，就是"恶心酵母"。1883年，汉森将"良性酵母"第一次投入商业酿酒获得成功。最终解决了啤酒酵母的选育和纯种培养难题，引发了啤酒行业的一场大革命。

思考：如何将"良性酵母"和"恶心酵母"从混合酵母中分离出来？

知识脉络

微生物的纯培养
- 微生物的接种技术
  - 无菌操作
  - 接种方法
    - 斜面接种法
    - 平板接种法
    - 液体接种法
    - 穿刺培养法
    - 倾注接种法
    - 涂布接种法
    - 三点接种法
- 微生物的纯培养方法
  - 用固体培养基分离获得纯培养物
    - 稀释倒平板法
    - 涂布平板法
    - 平板划线法
    - 稀释摇管法
  - 用液体培养基分离获得纯培养物
  - 显微单细胞分离法
  - 选择培养分离
    - 选择培养
    - 富集培养
  - 二元培养物
- 任务
  - 任务一 微生物的接种
  - 任务二 微生物的分离纯化

学习目标

知识：①熟悉常用的获得纯培养物的方法。
②掌握微生物接种技术。

技能：①能够根据分离目标选用合适的纯培养方法进行分离纯化。

②能够正确进行接种操作。

素养：①小组分工合作，增强合作意识。

②强化无菌意识，培养创新精神。

知识准备

一、微生物的接种技术

微生物的接种是将一种微生物转接到另一灭菌的新培养基中，使其生长繁殖的过程。接种操作过程中必须采用严格的无菌操作，以确保纯种不被杂菌污染。

（一）无菌操作

无菌操作指在微生物实验工作中，控制或防止各类微生物的污染及其干扰的一系列操作方法和有关措施。无菌操作可以保证实验操作不被环境中微生物污染；也可以防止微生物在操作中污染环境或感染操作人员。

常用的接种工具有接种环、接种针和涂布棒。其中最常用的接种工具或移植工具是接种环。在进行无菌操作之前，需要将所用的工具进行消毒或灭菌。

接种操作需要在超净工作台或生物安全柜中进行。超净工作台是能将工作区已被污染的空气通过专门的过滤通道人为地控制排放，为实验室工作提供无菌操作环境的设施，以保护实验免受外部环境的影响，同时为外部环境提供某些程度的保护以防污染。超净工作台的洁净环境是在特定的空间内，通过风机将空气吸入预过滤器，经由静压箱进入高效过滤器过滤，将过滤后的空气以垂直或水平气流的状态送出，洁净空气（过滤空气）是按设定的方向流动的，使操作区域达到所需的洁净度。生物安全柜是为对原代培养物、毒菌株以及诊断性标本等具有感染性的实验材料进行操作时，用来保护操作者本人、实验室环境以及实验材料，使其避免暴露于上述操作过程中可能产生的感染性气溶胶和溅出物而设计的。

互动讨论

超净工作台和生物安全柜有何区别？

超净工作台或生物安全柜一般安放在无菌室中。无菌室在使用时应将所有的实验器材和用品一次性全部放入，若同时放入培养基则需用牛皮纸遮盖。操作前应先打开紫外灯灭菌半小时，关闭后再开始工作。进入缓冲间后，应换好工作服、鞋、帽，戴上口罩，将手用消毒液清洗后，再进入工作间。操作时，严格按照无菌操作法进行操作，废物应丢入废物桶内。在操作过程中应尽量避免进出无菌室或传递物品。工作后应将台面收拾干净，取出培养物品及废物桶，用消毒液清洁，再打开紫外灯照射半个小时以灭菌。

（二）接种方法

微生物接种的一般流程是：

1. 斜面接种法

此方法主要用于保存菌种或观察细菌的某些生化特性和动力，用于菌落的移种以获得纯种进行鉴定和保存菌种等。首先用灭菌并冷却的接种环或接种针深入菌种管内，挑取用来移种的菌落，然后伸入斜面培养管内，先从斜面底部到顶端，拖一条接种线，再自下而上蜿蜒划线，或直接自下而上蜿蜒划线，接种完成之后用火焰对培养管口灭菌，并塞上棉塞，置于37℃培养。

2. 平板接种法

主要用于菌种分离获得单菌落，观察菌落特征，对混合菌进行分离，但不能用于菌落计数。由灭菌并冷却的接种环蘸取少许待分离的材料，在无菌平板表面进行平行划线、扇形划线或其他形式的连续划线（如图4-5所示），微生物细胞数量将随着划线次数的增加而减少，并逐步分散开来，如果划线适宜的话，微生物能一一分散，经培养后，可在平板表面得到单菌落。

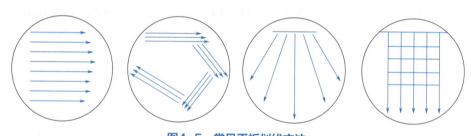

图4-5 常见平板划线方法

> 💡 **互动讨论**
>
> 不同的平板划线法有何特点？尝试使用不同的划线手法绘制一幅微生物图画。

3. 液体接种法

主要用于菌液比浊实验，用于各种液体培养基如肉汤、蛋白胨水，以及糖发酵管等的接种。用灭菌并冷却的接种环挑取菌落或标本，在试管内壁与液面交界处轻轻研磨，使细菌均匀地散落在液体培养基中。包括从斜面菌种接入培养液，或从液体菌种接入培养液，两种情况都可以用接种环接种，但在培养量比较大的情况下，液体接种宜采用移液管接种，要求无菌操作。

4. 穿刺接种法

在保藏厌氧菌种或研究微生物的生理生化特征时常用穿刺接种法，如观察细菌的运动能力，或观察菌株对明胶的水解性能。做穿刺接种时接种工具一般使用接种针，培养基一般是半固体培养基。用灭菌并冷却的接种针蘸取少量的菌种，沿半固体培养基中心向管底做直线穿刺，如某细菌具有鞭毛而能运动，则能够在穿刺线周围生长。

5. 倾注接种法

主要用于菌落总数的计数，如用于饮水、饮料、牛乳和尿液等样品中的细菌计数。取纯培养物的稀释液或原液 1mL 至无菌培养皿内，再将已熔化并冷却至 45℃ 的琼脂培养基注入无菌培养皿内，轻轻转动平板使菌液与培养基混合均匀，待凝固后置 37℃ 培养，长出菌落后进行菌落计数。

6. 涂布接种法

此方法一般用于计算活菌数，也可以利用其在平板表面生长形成菌苔的特点用于检测化学因素对微生物的抑杀效应。将一定浓度一定量的待分离菌液移到已凝固的培养基平板上，用涂布棒快速将其涂布均匀，使长出单一菌落从而达到分离目的。

7. 三点接种法

一般用于研究霉菌形态。把少量微生物接种在平板表面上呈等边三角形的三点，让其各自独立形成菌落后观察、研究它们的形态。除三点外，也有一点或多点进行接种的。

二、微生物的纯培养方法

在微生物学中，在人为设定的条件下培养、繁殖得到的微生物群体被称为培养物。含多种微生物的培养物是混合培养物，从混合培养物中分离得到只有一种微生物的培养物，就是纯培养物。通常情况下纯培养物才能提供可以重复的科研或实验结果，因此纯培养技术是进行微生物学研究的基础。

（一）用固体培养基分离获得纯培养物

不同的微生物在特定的培养基上形成的菌落或菌苔一般都具有稳定的特征，可以作为微生物分类和鉴定的重要依据。大多数的细菌、酵母以及许多的真菌和一些单细胞藻类，能在固体培养基表面形成独立的菌落，采用适宜的平板分离法，便可以得到纯培养物。每个纯培养形成的单个菌落便于用来分析研究。最常用的分离、培养微生物的固体培养基是琼脂固体培养基，将其倒入培养皿中培养微生物称为平板培养。用固体培养基获得纯培养物的方法主要有稀释倒平板法、涂布平板法、平板划线法和稀释摇管法。

1. 稀释倒平板法

将待分离的菌种用无菌水或其他稀释液做一系列的梯度稀释，然后分别取不同浓度的稀释液少许，与已经熔化并冷却至 50℃ 左右的琼脂培养基混合，摇匀后倾入灭过菌的培养皿中，待琼脂凝固后，制成可能含菌的琼脂平板。若稀释液中存在微生物，培养一定时间后可出现菌落。如果稀释得当可出现分散的单个菌落。这个菌落可能就是由一个微生物细胞繁殖形成的，随后挑取该单个菌落进行稀释做涂布平板。重复以上操作数次，便可得到纯培养物。

此方法适合分离和计数，但是操作比较麻烦，不合适热敏感菌和严格好氧菌，而且同一微生物由于所处培养基位置不同，形成菌落形态有差异。

2. 涂布平板法

将已熔化的无菌培养基倒入无菌培养皿中，待其冷却凝固后，制成无菌平板。将一定量某一稀释度的样品溶液滴加在平板表面，再用无菌涂布棒将菌液均匀涂布分散至整个平板表面，经培养后挑取单个菌落，重复几次便可得到纯培养物。

此方法操作简单易行，是常用的分离纯化方法。在操作过程中需注意涂布时应涂布均匀，用力要轻，切勿划破培养基表面，造成机械损伤。

> **互动讨论**
>
> 稀释倒平板法和涂布平板法有何异同？

3. 平板划线法

用接种环以无菌操作蘸取少许待分离的材料，在加入无菌培养基的凝固无菌平板表面进行连续划线、平行划线、扇形划线或其他形式的划线，微生物细胞数量随着划线次数的增加而减少并逐步分散开来。若划线适宜，最终微生物能完全分散，经培养后可在平板表面得到单个菌落，再将菌落稀释后重复以上步骤，可以获得纯培养物。

此方法操作快速、方便，浓度较大的样品使用分区划线法，浓度较小的样品可以使用连续划线法。

4. 稀释摇管法

用固体培养基分离严格厌氧菌有其特殊之处。如果该微生物暴露于空气中，不立即死亡，可以用通常的方法制备平板，然后放置于封闭容器中培养。培养容器中的氧气可采用化学、物理或生物的方法清除。对氧气更为敏感的严格厌氧性微生物可采用稀释摇管培养法进行纯培养分离，它是稀释倒平板法的一种变通形式。先将盛有无菌琼脂培养基的试管加热，使琼脂熔化后冷却并保持到50℃左右，将待分离菌种用这些试管进行梯度稀释，迅速将试管摇动均匀，冷凝后在琼脂柱表面倾倒一层灭菌液体石蜡和固体石蜡的混合物，将培养基和空气隔开。培养后菌落在琼脂柱中间形成，进行单菌落挑取和移植时需先用一支灭菌针，将液体石蜡和固体石蜡形成的石蜡盖取出，再用一支毛细管插入琼脂和管壁之间，吹入无菌无氧气体，将琼脂柱吸出，放置在培养皿中，用无菌刀将琼脂柱切成薄片，进行观察和菌落移植。

此方法适用于在缺乏专业设备的情况下分离严格厌氧菌，但是操作难度较大，观察和挑取菌落较困难。

（二）用液体培养基分离获得纯培养物

大多数细菌和真菌在固体培养基上生长良好，用平板分离通常有很好的效果，然而并不是所有的微生物都适合在固体培养基上生长，一些细胞大的细菌、许多原生动物和藻类等仍需要用液体培养基分离来获得纯培养物。

通常采用的液体培养基分离纯化法是稀释法。接种物在液体培养基中进行顺序稀释，以得到高度稀释的效果，分别移取经过稀释的菌液到不同试管中，在适宜条件下培养，培养后多数试管中没有微生物生长，那么有微生物生长的试管得到的培养物可能就是纯培养物。

（三）显微单细胞分离法

稀释法分离出的微生物通常是混杂微生物群体中占数量优势的种类，而有些欲分离的微生物在自然界混杂群体中占少数，因此可以采用显微分离法，即从混杂群体中直接分离出单个细胞或单个个体进行培养的分离方法。

显微单细胞分离法的难度与细胞个体的大小成反比，个体较大的微生物如藻类、原生动物较容易分离得到，个体很小的细菌则较难完成。对于个体较大的微生物可使用毛细管提取单个个体，并在大量的灭菌培养基中转移清洗几次，除去较小微生物的污染，这项操作可在低倍显微镜下进行。对于个体相对较小的微生物，需在显微操作仪下挑取单个细胞。若没有显微操作仪，也可将经适当稀释后的样品制备成小液滴，在显微镜下观察选取只含一个细胞的液滴进行纯培养。

（四）选择培养分离

没有一种培养基或一种培养条件，能够满足自然界中所有微生物的生长要求。培养基在一定程度上都是具有选择性的，在一种培养基上接种多种微生物，只有适应的才能生长，其他的则被抑制。根据待分离微生物的生长需求设计特定的培养环境，使之特别适合此微生物的生长，将其从自然界混杂的微生物群体中选择培养出来，这就是选择培养分离。该方法常用于从自然界中分离寻找有用的微生物资源。

1. 选择培养

利用选择培养基进行直接分离主要是根据待分离微生物的特点选择不同的培养条件或培养基，可采用多种方法完成。例如从土壤中筛选蛋白酶产生菌时，可以在培养基中添加牛奶或酪素，微生物生长时若产生蛋白酶，则会水解牛奶或酪素，在平板上形成透明的蛋白质水解圈。通过菌株培养时产生的蛋白质水解圈，对产酶菌株进行筛选，将大量的非产胞外蛋白酶的菌株淘汰。再比如，分离低温菌可在低温条件下进行培养；分离某种抗生素的抗性菌株，可在加有这种抗生素的平板上进行分离。有些微生物如螺旋体、黏细菌、蓝细菌等能在琼脂平板表面或里面进行滑行，可以利用滑动特点从滑行前沿挑取接种物进行接种，反复操作几次，从而得到纯培养物。

2. 富集培养

富集培养主要是利用不同微生物的生命活动特点的不同，设定特定的环境条件或培养基，使仅适应该条件的微生物旺盛生长，从而使其在菌落中的数量大大增加。富集条件可根据所需分离的微生物的特点，从物理、化学、生物或综合多个方面进行选择，如温度、pH、紫外线、高压、光照、氧气、营养等。通过富集培养使原本在自然环境中占少数的微生物数量大大提高后，再通过稀释倒平板或平板划线等操作得到纯培养物。

富集培养是微生物研究最强有力的技术手段之一，只要掌握微生物的特殊要求，便可按照意愿从自然界分离出特定已知微生物种类。富集培养也可以用来分离培养在设计的特定环境中能生长的微生物，即使并不知道哪种微生物能在这种特定环境中生长，也有可能分离出来。

（五）二元培养物

分离的目的通常是要得到纯培养物，然而在有些情况下是很难达到的，有些可用二元培养物作为纯培养物的替代物。如果培养物中只含有两种微生物，且是有意保持二者之间的特定关系的培养物，被称为二元培养物。例如二元培养物是保存病毒的最有效途径，因为病毒是严格细胞内寄生物，有一些具有细胞的微生物也是严格的其他微生物的细胞内寄生物，或与之存在特殊的共存关系，对于这些生物，二元培养物培养是在微生物控制条件下可能得到的最接近于纯培养的获取方法。

 知识拓展

"大食物观"中的微生物

党的二十大报告指出："树立大食物观，发展设施农业，构建多元化食物供给体系。"习近平总书记在看望参加全国政协十三届五次会议的农业界、社会福利和社会保障界委员并参加联组会时指出，要树立大食物观，从更好满足人民美好生活需要出发，掌握人民群众食物结构变化趋势，在确保粮食供给的同时，保障肉类、蔬菜、水果、水产品等各类食物有效供给，缺了哪样也不行。

微生物生长快、易于培养、所需生产空间小、蛋白质含量高，微生物组学理论和技术的快速发展，为人类挖掘、改造乃至创造新型微生物资源提供了可能。近年来开发利用真菌源蛋白质、合成型替代蛋白质等微生物食物产品，成为世界各国农业科技竞争的重要领域。目前被人类所利用的微生物种类尚不到地球微生物总量的1%，开发前景十分广阔。预计未来15年内通过微生物合成的替代蛋白质产品将占据约22%的全球食用蛋白质市场份额。宜从战略高度认识和谋划微生物食物资源开发利用，通过建设农业微生物科技创新平台、设立微生物食物资源开发科技项目、培育微生物领域高端创新人才队伍等举措，大力发展农业微生物产业，向微生物要热量、要蛋白质。

 工作任务

任务一　微生物的接种

【任务概述】

某微生物研究室欲将优化得到的酵母菌从液体培养基接种到固体培养基和斜面培养基上进行培养，请完成接种培养并观察其菌落状态。

【任务要求】

① 掌握微生物接种技术。
② 能够根据目的要求进行不同培养基间的接种操作。
③ 通过规范操作，强化微生物无菌意识，培养严谨的工作态度。

【任务实施】

一、任务分析

将酵母菌从液体培养基接种到固体培养基和斜面培养基，需要明确以下问题：
① 如何将菌种从液体培养基接种到固体培养基？
② 如何将菌种从液体培养基接种到斜面培养基？

③如何保证接种时菌种不被污染？

二、材料准备

酵母菌液、固体培养基、斜面培养基、接种环、接种针、酒精灯、打火机、标签、75%酒精棉球、涂布棒、无菌操作台、恒温培养箱等。

三、实施步骤

1. 实验器具的灭菌

试管、锥形瓶、培养皿、移液管、涂布棒等是常用的微生物接种器具，在使用之前必须先进行灭菌，保证使用时不含任何微生物。常用高压蒸汽灭菌法进行灭菌。

2. 无菌室的消毒处理

打扫无菌室，清理不必要的物品。在无菌室内打开紫外灯，照射30min后关闭。将牛肉膏蛋白胨平板放置在无菌室的适当位置，打开皿盖15min，然后盖上皿盖，置于37℃培养24h，共做3套，检查每个平板上生长的菌落数。如果不超过4个，说明灭菌效果良好。

3. 超净工作台的准备

清理超净工作台台面，移除不需要的物品。使用前15～20min，用75%酒精擦拭台面及物品，然后接通电源，打开紫外灯照射。使用前10min，将通风机启动。操作时打开照明开关，关闭紫外灯，用75%酒精擦拭双手和前臂，准备进行接种操作。

4. 斜面接种

斜面接种是从含菌材料（菌落、菌苔或菌悬液等）上面取菌种，并移接到新鲜斜面培养基上的一种接种方法。用于单个菌落的纯培养、保存菌种或者观察细菌的某些特性。斜面接种的一般操作步骤如下（图4-6）。

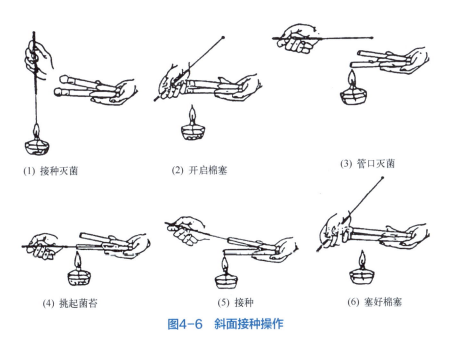

图4-6 斜面接种操作

（1）准备工作

接种前，将无菌斜面培养基试管上贴上标签，注明接种的菌名、接种日期、接种人姓名等内容，标签纸要贴在斜面的正上方，距试管口2～3cm处。

（2）接种前灭菌

点燃酒精灯，用75%酒精棉球擦拭台面。

（3）手握斜面

将菌种管和新鲜空白斜面试管的斜面向上，左手四指并拢伸直，把菌种试管放于食指和中指之间，待接种的斜面培养基试管放于中指和无名指之间，拇指按住两支试管底部，两支试管一起并于左手中，使斜面和有菌的面向上，成近似水平状态。右手将两支试管的棉塞都旋转一下，使之松动，便于接种时拔出。

（4）接种环灭菌

右手持接种环柄，先使接种环垂直于火焰上，将环端充分烧红灭菌，然后将接种时有可能伸入试管的柄部，在火焰上边转动边慢慢来回通过火焰灼烧灭菌，但不必烧红。以此方式灼烧灭菌3次。

（5）拔棉塞

将两支试管的管口部分靠近火焰，用右手小指和手掌边缘同时夹住两个棉塞，也可用右手无名指和小指夹住前方菌种试管的棉塞，再用小指和手掌边夹住后方斜面培养基试管的棉塞。拔出的棉塞应始终夹在手中，切勿放在桌上。将试管口迅速在火焰上微烧一周，以杀灭试管口上可能沾染的少量杂菌或尘埃中带入的细菌。

（6）取菌种

将经灼烧灭菌的接种环伸入到菌种管内，先接触一下没有菌苔的培养基部分，使环冷却，以免烫死待移接的菌体，然后轻轻接触菌苔，蘸取少量菌体（必要时可将环在菌苔上稍微刮一下），再慢慢将接种环抽出试管。注意不要让蘸有菌苔的环碰到管壁，取出后勿使环通过火焰。

（7）接种

在火焰旁迅速将带菌接种环伸入另一试管，自斜面底端向上轻轻划蜿蜒曲线或直线，划线时注意环要平放，不要把培养基划破，也不要使菌种沾污管壁。

（8）灭菌

抽出接种环，将两支试管管口再次在火焰上烧灼，然后塞上棉塞。塞棉塞时注意不要用试管口去迎棉塞，以免试管在移动时进入不洁空气而污染杂菌。将接种环烧红，杀死环上的残菌。注意要将接种环先在温度较低的火焰内焰灼烧，逐渐移至火焰外焰灭菌，不要直接在外焰烧环，以免残留在环上的菌体爆溅而污染环境。放回接种环后，将棉塞进一步塞紧，以免脱落。

5. 平板接种

平板接种是指将菌种接种于平板培养基上，此方法常用于微生物菌落形态观察及菌种的分离纯化。

用无菌移液管吸取菌悬液0.1mL滴加于固体培养基平板上。左手持培养皿，用拇指将皿盖打开一条缝，右手持涂布棒，在火焰旁，将平板表面的菌液自平板中央均匀向四周涂布散开。切忌用力过猛，将菌液直接推向平板边缘或将培养基划破。接种后将涂布好的平板平放于桌上20~30min，使菌液渗入培养基内。

6. 穿刺接种

穿刺接种是用蘸有菌种的接种针将菌种接种到试管深层培养基中。经穿刺接种后的菌种常作为保藏菌种的一种形式。

接种前后对接种针及试管口的处理方法与斜面接种法相同,接种时将针尖蘸取少许菌种,然后将带菌接种针从半固体培养基中心垂直刺入,直到接近管底,但不要刺穿到管底,然后立即从原穿刺线退出。刺入和退出时均不可使接种针左右摇动,如图4-7所示。

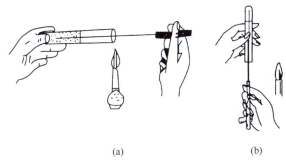

图4-7 穿刺接种操作
(a)平行穿刺;(b)垂直穿刺

7. 培养

将已接种的培养基放于恒温培养箱中培养,2~3天后观察结果,并记录菌落特征。

8. 注意事项

① 接种操作过程中应轻拿轻放,不要有大幅度或快速的动作。
② 在接种培养物时动作应轻、准,使用的玻璃器皿应轻取轻放。
③ 接种操作应在火焰正上方进行。
④ 不得将试管塞随意丢在桌上,以免受到污染;试管口切勿烧得过烫,以免引起炸裂。
⑤ 接种用具使用前后都应灼烧灭菌。
⑥ 操作时禁止在培养物上方移动手臂。

【实施报告】

完成接种操作填写下表。

微生物的接种实验报告

实验项目				
菌种名称	培养基	接种方式	培养条件	培养结果

接种过程:

菌落特征	
备注	

检验员: 日期:
复核人: 日期:

【巩固提升】

① 如何进行无菌操作？
② 简述常用的接种技术及其应用范围。
③ 如何将菌种从一平板接种到另一灭菌平板上？

【任务评价】

微生物的接种评价表

项目	评分标准	得分
实验准备	工作服穿戴整齐（2分）	
	实验试剂耗材准备齐全，且已灭菌（5分）	
无菌室的消毒处理	消毒处理操作准确（3分）	
	灭菌效果检验良好（5分）	
超净工作台的准备	使用前用紫外灯灭菌（2分）	
	使用时关闭紫外灯，双手和前臂用75%酒精擦拭（4分）	
斜面接种	做好斜面接种准备工作（3分）	
	手握试管姿势准确，棉塞夹持准确，接种环严格灭菌（5分）	
	接种操作准确，接种环不划破培养基表面，也没有使菌种沾污到管壁（5分）	
	接种环使用完毕再次灭菌（3分）	
平板接种	正确使用无菌吸管（4分）	
	培养皿打开方式准确（4分）	
	使用涂布棒涂布均匀，不划破培养皿表面（4分）	
穿刺接种	接种针从半固体培养基中心垂直刺入，直到接近管底，但不要刺穿到管底，然后立即从原穿刺线退出（8分）	
	刺入和退出时均不可使接种针左右摇动（5分）	
培养	培养条件准确（5分）	
菌落描述	根据菌落特征进行描述（10分）	
报告填写	报告各项填写准确，字迹清楚（8分）	
实验整理	仪器归位，试剂回收，整理台面（5分）	
素质养成	具有合作意识，操作规范，态度严谨（10分）	
备注		
总得分		

任务二　微生物的分离纯化

【任务概述】

　　选择合适的纯培养方法，将产红色色素的酵母菌从混合菌株中分离出来，进行培养。

【任务要求】

① 掌握菌种分离原理。
② 能够熟练进行梯度稀释。

③ 通过规范分离纯化操作，增强安全意识，培养严谨的工作态度。

【任务实施】

一、任务分析

将产红色色素的酵母菌从混合菌株中分离出来，需要明确以下问题：
① 产红色色素的酵母菌有何特点？
② 选择哪种培养基进行分离？
③ 如何进行纯化？

二、材料准备

含酵母菌的混合菌液、马铃薯葡萄糖琼脂培养基、生理盐水、培养皿、试管、接种环、接种针、涂布棒、移液管、酒精灯、打火机、标签、75%酒精棉球、无菌操作台、恒温培养箱等。

三、实施步骤

（一）涂布平板法

1. 操作准备

将酒精灯、移液管、涂布棒、试管、酒精棉球等物品置于无菌操作台中，打开紫外灯灭菌 30min。灭菌后将样品菌种放入无菌操作台中。

2. 手部消毒

取酒精棉球擦拭双手，将无菌操作台擦出与肩同宽的方形操作区域，用过的棉球放入废物杯中。

3. 制备平板

将加热冷却至 45℃ 左右的马铃薯葡萄糖琼脂培养基以无菌操作倒入灭菌的培养皿中，迅速摇匀，水平静置，凝固后即成平板，待用。

4. 稀释样品

用梯度稀释（也称作十倍系列稀释）方法进行样品稀释，如图 4-8。取 6 支试管排列放于试管架上，贴上标签，浓度依次标注为 10^{-1}、10^{-2}、10^{-3}、10^{-4}、10^{-5}、10^{-6}。在各试管中先分别加入 9mL 灭菌生理盐水，然后将样品悬浮液摇匀后，用移液管以无菌操作吸取 1mL 注入 10^{-1} 试管内（注意这支移液管的尖端不能接触管内液体），此管为 10 倍稀释液，即浓度为原液的 1/10。用第二支移液管在 10^{-1} 试管内来回吹吸数次，使其混匀，再从中吸取 1mL 注入 10^{-2} 试管内，另取一支移液管，以同样方式在 10^{-2} 试管内来回吹吸数次混匀，即为原液 1:100 倍稀释液，重复上述操作，将样品依次稀释 10^3、10^4、10^5、10^6 倍。稀释时使用的试管数根据样品的实际浓度进行增减。

5. 加样品

以无菌操作方法，用移液管分别吸取 10^{-4}、10^{-5}、10^{-6} 三个稀释度样液各 0.1mL，加入制备好的平板上，并贴好标签。

6. 涂布

取涂布棒在火焰上灼烧灭菌后，于火焰旁接触皿盖内的冷凝水，加速涂布棒冷却。手持涂布棒放在培养基表面上，将菌液先沿同心圆方向轻轻向外扩展，使之均匀分布。室温下静置 5~10min，使菌液充分渗入培养基中。

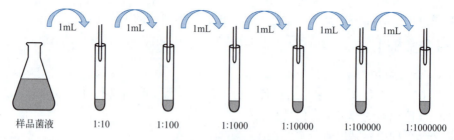

图4-8　梯度稀释操作

7. 培养

将涂布好的平皿倒置放于恒温培养箱中培养，72h后观察分离效果。

8. 实验整理

操作完毕后，将实验所用物品放回原处，产生的垃圾带出无菌操作台，清理干净。

9. 挑取单一菌落

挑取典型的单菌落进行染色和显微镜观察，若细胞形态及革兰氏染色反应均一致，将该单菌落移接到斜面培养基上，经培养后即得纯培养物。若发现有杂菌，需要再一次进行分离纯化，直至获得纯培养物。

（二）稀释倒平板法

1. 稀释样品

采用梯度稀释的方法进行样品稀释，操作方法同涂布平板法。

2. 倒平板

分别取 10^{-4}、10^{-5}、10^{-6} 三个稀释度的菌液各 1mL 与熔化并冷却至50℃左右的马铃薯葡萄糖琼脂培养基混合均匀，立即倒入无菌培养皿中，盖上皿盖，在台面上轻轻晃动使培养基与稀释液充分混合均匀，静置冷却凝固，如图4-9所示。

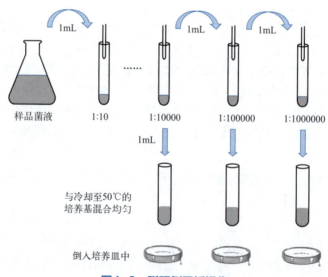

图4-9　稀释倒平板操作

3. 培养

将凝固后的平板倒置放于恒温培养箱内培养。待长出菌苔或菌落后，观察分离效果。

4. 实验整理

要求同涂布平板法。

5. 挑取单一菌落

挑取单一菌落，移接于斜面培养基上，经培养后可得到纯培养物。

（三）平板划线法

1. 操作准备

同涂布平板法。

2. 灼烧接种环

右手持接种环，将接种环的金属环直立于酒精灯外焰处，灼烧至红透，然后略倾斜灼烧金属杆。注意灼烧时要将金属丝与金属杆的连接部分充分灼烧，达到彻底灭菌的目的。

3. 取菌种

左手持斜面培养基的底部，将管口置于火焰的无菌区，右手小指打开试管塞，将接种环的金属环放于外焰处，再次灼烧至红透，然后将其伸入试管底部，稍微凉一下，轻轻取一环，切勿划破培养基。将接种环从试管中取出，取出时切勿触碰试管壁。将试管塞灼烧一圈，塞于试管上。

4. 接种

左手取无菌培养皿一个，用大拇指和食指控制皿盖，其余几指控制皿底，打开皿盖使开口小于30°，将接种环上的菌种按照划线要求进行划线。

（1）分区划线法

右手持接种环伸入皿内，使接种环与平板表面成约30°角，轻轻接触，以手腕力量使接种环在平板表面作轻快滑动（接种环不应嵌入培养基内）。先在平板一端划3~5条平行线，此划线区域为A区，然后烧掉环上残留的菌液，待环冷却后（可在平板培养基边缘空白处接触一下），将手中的培养皿转动约60°，用接种环通过A区向B区来回平行划线，同样再由B区向C区划线，最后由C区向D区划线。所划线的区域有不同的作用，故四区的面积也不应等同，应为D＞C＞B＞A，D区是关键，是单菌落的主要分布区，故面积应最大。此外，在划D区线条时，切勿再与A、B区的线条相接触［图4-10（a）］。

（2）连续划线法

样品悬液中含菌数量不太多时，可使用连续划线法。该方法与分区划线法基本相同，无菌操作也一样，所不同的是划线方式。用接种环先蘸取样品悬液，在平板上一点处研磨后，从该点开始向左右两侧划线，逐渐向下移动，连续划成若干条分散而不重叠的折线［图4-10（b）］。

5. 培养

将接种完毕的平板放置于恒温培养箱中倒置培养。

6. 实验整理

要求同涂布平板法。

划线技术

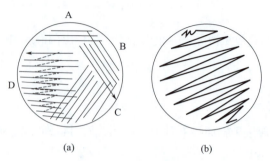

图4-10 平板划线方法
(a) 分区划线法;(b) 连续划线法

7. 结果观察

观察平板,应无杂菌污染,若菌种不在所划的线上生长则为杂菌。线应为直的且每一线都接近平板边缘,平行的线和线之间要紧密,但不能搭在一起;要有较多的单菌落,应有10个以上的单菌落方为合格。

【实施报告】

将微生物分离纯化结果填入下表。

微生物分离纯化报告

实验项目									
菌落结果描述	涂布平板法			稀释倒平板法			平板划线法		
	10^{-4}	10^{-5}	10^{-6}	10^{-4}	10^{-5}	10^{-6}	10^{-4}	10^{-5}	10^{-6}
每皿的菌数									
分布描述									
菌落特征									
操作过程									
备注									

检验员: 日期:
复核人: 日期:

【巩固提高】

① 如何用固体培养基获得纯培养物?
② 比较涂布平板法和稀释倒平板法的异同点。
③ 对于厌氧微生物应如何分离纯化?

【任务评价】

微生物分离纯化评价表

项目	评分标准	得分
实验准备	工作服穿戴整齐(2分)	
	实验试剂耗材准备齐全(5分)	

续表

项目	评分标准	得分
手握斜面	握持试管方法正确，斜面向上（3分）	
接种环灭菌	接种环拿法正确，接种环先直立后倾斜灼烧，金属环烧红，接种环来回过火数次，可能进入试管部分都要灼烧到（8分）	
拔棉塞	先松动棉塞，棉塞正确夹紧，不能被污染，试管口微烧一周（5分）	
取菌种	接种环深入菌种管内，先冷却，轻取菌少许（10分）	
	接种环抽出时不碰管壁或通过火焰（7分）	
塞棉塞	试管口微烧一周，回塞时试管不能迎向棉塞（5分）	
拿培养皿	培养皿拿法正确，开盖方法准确，开口小（6分）	
划线	划线疏密适当，不重叠，划线时培养基表面不被划破（15分）	
	划线分区合理，最后一区与第1区不相连（10分）	
接种环灭菌	接种环的余菌在火焰上彻底灼烧（4分）	
报告填写	报告填写认真、字迹清晰（5分）	
实验整理	仪器归位，试剂回收，整理台面（5分）	
素质养成	分离纯化操作规范，工作态度严谨，具备安全意识（10分）	
备注		
总得分		

 自我评价

一、知识巩固（填空题）

1. 固体培养基常用的凝固剂有_____、_____和_____等。

2. 实验室培养基按用途分类可以分为基础培养基、_____、_____和_____四种类型。

3. 固体培养基琼脂加入量是_____%，半固体培养基琼脂加入量是_____%。

4. 培养基应具备微生物生长所需要的营养要素是_____、_____、_____、_____和_____等。

5. 天然培养基的特点是_____，合成培养基的特点是_____。

6. 实验室常见的干热灭菌手段有_____和_____；而对牛奶或其他液态食品一般采用_____灭菌，其温度为_____，时间为_____。

7. 试列出几种常用的消毒剂：_____、_____、_____和_____等。

8. 湿热灭菌法包括_____、_____、_____、_____和_____。

9. 获得纯培养物的方法有：_____、_____、_____、_____和_____等方法。

10. 常用的接种技术包括_____、_____、_____、_____、_____和_____。

二、能力提升

土壤是微生物的大本营，欲从土壤里分离得到一个单一菌株，请设计方案并完成。

模块五

食品微生物的常规检验

项目一

食品微生物样品的采集与前处理

> **案例引导**
>
> 2023年1月，国家市场监督管理总局组织食品安全监督抽检，抽取食糖、茶叶及相关制品、乳制品、饮料、糕点、炒货食品及坚果制品、饼干、淀粉及淀粉制品、方便食品、薯类和膨化食品、蛋制品、豆制品等25大类食品863批次样品，检出其中糕点、炒货食品及坚果制品、薯类和膨化食品、水果制品、水产制品、调味品、保健食品和特殊膳食食品等8大类食品13批次样品不合格。涉及微生物指标方面主要是菌落总数不符合食品安全国家标准规定。
>
> 思考：①食品种类繁多，安全抽检时如何进行微生物检验样品的采集？
> ②微生物样品检验前需如何进行样品的预处理？

知识脉络

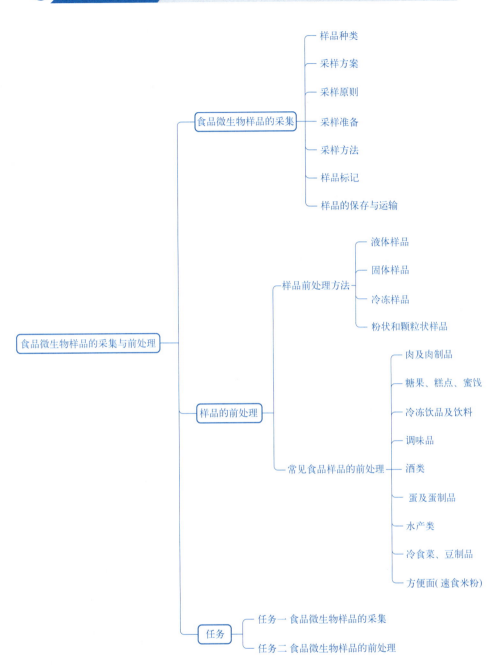

学习目标

知识：①熟悉样品采集原则。

②掌握样品预处理方法。

技能：①能够根据样品性质确定适宜的采样方法。

②能够根据检验项目合理进行预处理。

素养：培养吃苦耐劳品质，增强劳动精神，养成良好职业习惯。

一、食品微生物样品的采集

样品采集是否准确，直接决定了食品的检验结果。从整批被检食品中抽取一部分有代表性的样品，供分析检验用，称为样品的采集。食品加工批号、原料情况（来源、种类、地区、季节等）、加工方法、运输和保藏条件、销售中各个环节（如有无防蝇、防蟑螂、防鼠、防污染等设备）及销售人员的责任心和卫生认知水平等，都影响着食品卫生质量，因此要根据一小份样品的检验结果去说明一大批食品的卫生质量或一起食物中毒事件的性质，必须周密考虑，设计出科学的取样方法。采取何种取样方案主要取决于检验目的，目的不同，取样方案也不同。检验目的可以是判定一批食品合格与否，也可以是查找食物中毒病原微生物，还可以是鉴定畜禽产品中是否有人畜共患的病原体等。目前国内外采取的取样方案多种多样，如一批产品按百分比抽样，采若干个样品后混合在一起检验；按食品危害程度不同抽样等。不管采取何种方案，对抽样代表性的要求是一致的，最好对整批产品的单位包装编号进行随机抽样。

（一）样品种类

样品可分大样、中样、小样三种，大样是指一整批样品；中样是指从样品各部位取得的混合样品，定型包装及散装食品均采样250g；小样是指分析用的样品，又称为检样，一般为25g。

（二）采样方案

不同国家或地区有不同的微生物检验的采样方案。其中有国际食品微生物标准委员会（ICMSF）采样方案、美国食品药品监督管理局（FDA）采样方案、联合国粮农组织（FAO）采样方案。我国的采样方案遵循GB 4789.1—2016《食品安全国家标准 食品微生物学检验 总则》的规定。该标准规定了采样原则分为二级法和三级法，这一方法源自国际食品微生物标准委员会提出的ICMSF采样方法。

采样之前需要事先确定食品的危害程度，一般将食品划分为三种危害度：

Ⅰ类危害指老人和婴幼儿食品及在食用前可能会增加危害的食品；

Ⅱ类危害指可立即食用的食品，在食用前危害基本不变；

Ⅲ类危害指食用前经加热处理，危害减小的食品。

根据危害度的分类，将采样方案分为二级法和三级法。二级采样方案设有 n、c 和 m 值，三级采样方案设有 n、c、m 和 M 值❶。在中等或危害严重的情况下使用二级采样方案❷，对健康危害低的建议使用三级采样方案❸，如表5-1所示。

表5-1 ICMSF按微生物指标重要性和食品危害度分类后确定的采样方案

取样方法	指标重要性	检验项目	食品危害度		
			Ⅲ类（轻）	Ⅱ类（中）	Ⅰ类（重）
三级法	一般	细菌总数 大肠菌群 大肠杆菌 葡萄球菌	$n=5$ $c=3$	$n=5$ $c=2$	$n=5$ $c=1$
	中等	金黄色葡萄球菌 蜡样芽孢杆菌 产气荚膜梭菌	$n=5$ $c=2$	$n=5$ $c=1$	$n=5$ $c=1$
二级法	中等	沙门氏菌 副溶血性弧菌 致病性大肠杆菌	$n=5$ $c=0$	$n=10$ $c=0$	$n=20$ $c=0$
	严重	肉毒梭菌 霍乱弧菌 伤寒沙门氏菌 副伤寒沙门氏菌	$n=15$ $c=0$	$n=30$ $c=0$	$n=60$ $c=0$

1. 二级采样方案

自然界中材料的分布曲线一般是正态分布，以其一点作为食品微生物的限量值，只设合格判定标准 m 值，超过 m 值的则为不合格产品。检验样品指标是否有超过 m 值的，以此判定该批食品是否合格。例如 $n=5$，$c=0$，$m=100$CFU/g，即抽样5个，该批食品中未见有超过 m 值的检样，此批食品可判为合格。

2. 三级采样方案

三级采样方案中设有微生物标准 m 和 M 两个限量值，超过 m 值的检样即为不合格产品。以 $m\sim M$ 范围内的检样数作为 c 值，若在此范围内，即为附加条件合格；超过 M 值，则为不合格。例如：$n=5$，$c=2$，$m=100$CFU/g，$M=1000$CFU/g，即从一批产品中抽样5个，若5个样品的检验结果均小于或等于 m 值，则产品是合格的；若小于等于2个样品的结果位于 m 值和 M 值之间，则这种情况也是合格的；若有3个及以上样品的检验结果位于 m 值和 M 值之间，则产品是不合格的；若有任意样品的检验结果大于 M 值，则这种情况也是不合格的。

食品安全事故中由批量生产加工的食品污染导致的食品安全事故，要重点采集同批次食品样品。由餐饮单位或家庭烹调加工的食品导致的食品安全事故，重点采集现场剩余食品样品，以满足食品安全事故起因判定和病原确证的要求。

❶ n：同一批次产品应采集的样品件数；c：最大可允许超出 m 值的样品数；m：微生物指标可接受水平限量值（三级采样方案）或最高安全限量值（二级采样方案）；M：微生物指标的最高安全限量值。
❷ 按照二级采样方案设定的指标，在 n 个样品中，允许有 $\leqslant c$ 个样品其相应微生物指标检验值大于 m 值。
❸ 按照三级采样方案设定的指标，在 n 个样品中，允许全部样品中相应微生物指标检验值小于或等于 m 值；允许有 $\leqslant c$ 个样品其相应微生物指标检验值在 m 值和 M 值之间；不允许有样品相应微生物指标检验值大于 M 值。

> 💡 **互动讨论**
>
> 对超市售卖的蜂蜜、蛋糕和牛肉进行食品安全抽检,检验微生物指标,应采取哪种采样方案?

食品微生物样品的采集

(三)采样原则

① 根据检验目的、食品特点、批量、检验方法、微生物的危害程度等确定采样方案。

② 采样时应采用随机抽样原则,确保所采集的样品具有代表性。每批食品应随机抽取一定数量的样品,在生产过程中在不同时间内各取少量样品予以混合。固体或半固体的食品应从表层、中层和底层,中间和四周等不同部位取样。

③ 采样过程应遵循无菌操作,防止一切可能的外来污染。一件用具只能用于一个样品的采样,防止交叉污染。

④ 样品在保存和运输过程中应采取一切必要的措施,防止样品中原有的微生物数量变化,保持样品的原有状态。采集的非冷冻食品,一般在 0~5℃冷藏,不能冷藏的食品应立即检验,一般在 36h 内进行检验。

⑤ 采样标签应完整、清楚,采集样品的样品名称、批次、采样号、采集日期、采样人以及采样时样品温度、采样地点等应一并记录在样品采集标签中。

(四)采样准备

1. 干冰

要保证样品在储运过程中保持冷却,制冷剂是必需的。检查干冰袋子是否有泄漏,如果泄漏可能污染样品。

2. 盒子或制冷皿

采集的样品如果不需要冷冻,可直接装入一个盒子中;如果样品需要冷冻,则需要准备标准的制冷皿或保温箱。一般制冷皿会附带一个塑料袋,样品可以放在袋子里,制冷剂(如干冰等)可以放置在袋子外,可避免样品被制冷剂污染。

3. 灭菌容器

包括从塑料袋到灭菌的加仑漆桶,加仑漆桶可以用于有锐利边面的产品如蟹、虾等。

4. 取样工具

包括茶匙、角匙、尖嘴钳、量筒和烧杯等。工具的类型一般由取样产品来决定。

5. 灭菌手套

灭菌手套在采样中并非必须使用,如果一个产品在样品收集过程中会被接触,最好让工厂生产线工人或加工处理产品工人直接将样品放入收集容器中。灭菌手套必须通过避免污染的方式戴上,手套的大小必须适合工作的需要。

6. 灭菌全包装袋

袋子必须购买灭菌的,使用时只需撕掉封头,按照提示张开袋子,将样品放入,然后将袋子顶端卷起,用线绳扎实、扎牢,底部应当折叠两次,以免线绳穿透塑料袋导致样品泄漏。

应当检查所有取样设施和容器的灭菌日期,灭菌时间应当在仪器设施的标签和包装上标明。一切仪器设施可以在实验室灭菌或直接购买灭菌仪器，在实验室灭菌的仪器设施，一般可以保持至少两个月，过期后仪器设施必须重新灭菌。

> **互动讨论**
>
> 用来采样的工具为什么都要保证是无菌的？

（五）采样方法

1. 预包装食品

应采集相同批次、独立包装、适量件数的食品样品，每件样品的采样量应满足微生物指标检验的要求。独立包装小于或等于1000g的固态食品或小于或等于1000mL的液态食品，取相同批次的包装。独立包装大于1000mL的液态食品，应在采样前摇动或用无菌棒搅拌液体，使其达到均质后采集适量样品，放入同一个无菌采样容器内作为一件食品样品；大于1000g的固态食品，应用无菌采样器从同一包装的不同部位分别采取适量样品，放入同一个无菌采样容器内作为一件食品样品。

2. 散装食品或现场制作食品

用无菌采样工具从 n 个不同部位现场采集样品，放入 n 个无菌采样容器内作为 n 件食品样品。每件样品的采样量应满足微生物指标检验单位的要求。

（六）样品标记

应对采集的样品进行及时、准确地记录和标记，采样人应清晰填写采样单，内容包括采样人，采样地点和时间，样品名称、来源、批号、数量、保存条件等信息。

（七）样品的保存和运输

采集完的样品应尽快送往实验室检验，运输过程中应尽可能保持样品原有的贮藏温度及完整性，或采取必要措施防止样品中微生物数量的变化。盛样品的容器应消毒处理，但不得用消毒剂处理，不能在样品中加任何防腐剂。运送冷冻和易腐食品时应在包装容器内加适量的冷却剂或冷冻剂，保证途中样品不升温或不熔化。如不能及时运送，冷冻样品应存放在 −20℃冰箱或冷藏库内；冷却和易腐食品存放在 0～4℃冰箱或冷却库内；其他食品可放在常温阴暗处。

样品采集后最好由专人立即送检。如不能由专人携带送样也可托运，托运前必须将样品包装好，包装应能防破损、防冻结或防腐，保证冷冻样品在途中不升温或不熔化，在包装上应注明"防碎""易腐""冷藏"等字样。做好样品运送记录，写明运送条件、日期、到达地点及其他需要说明的情况，并由运送人签字。

二、样品的前处理

（一）样品前处理方法

1. 液体样品

液体样品指黏度不超过牛乳的非黏性食品，可直接用灭菌吸管准确吸取25mL样品，加入225mL蒸馏水或生理盐水及有关的增菌液中，制成1∶10稀释液。吸取前要将样品充分混合，在开瓶、开盖等打开样品容器时，一定注意表面消毒，进行无菌操作。用点燃的酒精棉球灼烧瓶口灭菌，用石炭酸纱布盖好，再用灭菌开瓶器将盖打开，含有二氧化碳的液体饮料先倒入灭菌的小瓶中，覆盖灭菌纱布，轻轻振荡，待气体全部逸出后进行检验。酸性食品用100g/L灭菌的碳酸钠调pH值至中性后再进行检验。

2. 固体样品

固体样品用灭菌容器称取25g，加入预温至48℃的灭菌生理盐水或蒸馏水225mL，振荡溶解或使用振荡器振荡溶解，尽快检验。从样品稀释到接种培养一般不超过15min。

（1）捣碎均质法

将100g或100g以上样品剪碎混匀，从中取25g放入盛有225mL无菌稀释液的无菌均质杯中，以8000~10000r/min均质1~2min。此方法适用于大部分食品样品的处理。

（2）剪碎振摇法

将100g或100g以上的样品剪碎混匀，从中取25g进一步剪碎，装入带有225mL无菌稀释液（内加适量直径为5mm左右的玻璃珠）的稀释瓶中，盖紧瓶盖，用力快速振荡50次，振幅不小于40cm。

（3）研磨法

将100g或100g以上样品剪碎混匀，取25g放入无菌乳钵中充分研磨，再放入盛有225mL无菌稀释液的稀释瓶中，盖紧瓶盖后充分摇匀。

（4）整粒振摇法

有完整自然保护膜的颗粒状样品，如蒜瓣、青豆等，直接称取25g整粒样品置于带有225mL稀释液和适量玻璃珠的稀释瓶中，盖紧瓶盖，用力振摇50次，振幅在40cm以上。

3. 冷冻样品

冷冻样品在检验前要进行解冻，一般可在0~4℃解冻，解冻时间不超过18h，也可在45℃以下，解冻时间不超过15min。样品解冻后，无菌操作称取样品25g，置于225mL无菌稀释液中制成1：10样品匀液。

4. 粉状和颗粒状样品

用灭菌勺或其他适用工具将样品搅拌均匀后，无菌操作称取检样25g，置于225mL灭菌生理盐水中，充分振摇混匀或使用振荡器混匀，制成1：10稀释液。

> **互动讨论**
>
> 以下食品应如何进行处理？
> （1）鲜猪肉　　（2）酱牛肉　　（3）生日蛋糕　　（4）可乐　　（5）二锅头
> （6）冰淇淋　　（7）蚝油　　　（8）卤蛋　　　　（9）螃蟹　　（10）方便面

（二）常见食品样品的前处理

1. 肉及肉制品

（1）生肉及脏器

先将检样进行表面消毒（沸水内烫3~5s或烧灼消毒），再用无菌剪子剪取检样深层肌肉25g，放入灭菌乳钵内用灭菌剪子剪碎后，加灭菌海砂或玻璃砂研磨，磨碎后加入灭菌水225mL，混匀，即为1：10稀释液。

（2）鲜、冻家禽

先将检样进行表面消毒，用灭菌剪或刀去皮，剪取肌肉 25g（一般可从胸部或腿部剪取），放入灭菌乳钵内用灭菌剪子剪碎后，加灭菌海砂或玻璃砂研磨，磨碎后加入灭菌水 225mL，混匀，即为 1∶10 稀释液。带毛野禽先去毛，后续操作同家禽检样处理方法。

（3）各类熟肉制品

直接切取或称取 25g，放入灭菌乳钵内用灭菌剪子剪碎后，加灭菌海砂或玻璃砂研磨，磨碎后加入灭菌水 225mL，混匀，即为 1∶10 稀释液。

需要注意的是以上样品的处理均以检验肉禽及其制品内的细菌含量来判断其质量鲜度为目的。如需检验肉禽及其制品受外界环境污染的程度或检验其是否带有某种致病菌，应用棉拭采样法。一般可用板孔 $5cm^2$ 的金属制规板压在受检样品上，将灭菌棉拭沾湿，在板孔 $5cm^2$ 的范围内揩抹多次，然后将板孔规板移压另一点，用另一棉拭揩抹，如此共移压揩抹 10 次，总面积为 $50cm^2$，共用 10 只棉拭。每支棉拭在揩抹完毕后应立即剪断或烧断后投入盛有 50mL 灭菌水的三角烧瓶或大试管中，立即送检。检验时先充分振摇，吸取瓶、管中的液体作为原液，再按要求作 10 倍系列稀释。

2. 糖果、糕点、蜜饯

（1）糕点（饼干）、面包

如为原包装，用灭菌镊子夹下包装纸，采取外部及中心部位，如为带馅糕点，取外皮及内馅 25g，裱花糕点，采取奶花及糕点部分各一半共 25g，加入 225mL 灭菌生理盐水中，制成混悬液。

（2）蜜饯

采取不同部位称取 25g 检样，加入灭菌生理盐水 225mL，制成混悬液。

（3）糖果

用灭菌镊子夹去包装纸，称取数块共 25g，加入预温至 45℃的灭菌生理盐水 225mL，等溶化后检验。

3. 冷冻饮品及饮料

（1）瓶装饮料

用点燃的酒精棉球灼烧瓶口灭菌，用石炭酸纱布盖好，塑料瓶口可用 75% 酒精棉球擦拭灭菌，用灭菌开瓶器将盖启开，含有二氧化碳的饮料可倒入另一灭菌容器内，口勿盖紧，覆盖一灭菌纱布，轻轻摇荡。待气体全部逸出后，进行检验。

（2）冰棍

用灭菌镊子除去包装纸，将冰棍部分放入灭菌广口瓶内，木棒留在瓶外，盖上瓶盖，用力抽出木棒，或用灭菌剪子剪掉木棒，置 45℃水浴 30min，溶化后立即进行检验。

（3）冰淇淋

放在灭菌容器内，待其融化，立即进行检验。

4. 调味品

（1）瓶装样品

用点燃的酒精棉球烧灼瓶口灭菌，石炭酸纱布盖好，再用灭菌开瓶器启开，袋装样品用 75% 酒精棉球消毒袋口后进行检验。

（2）酱类

用无菌操作称取 25g，放入灭菌容器内，加入 225mL 灭菌水；吸取酱油 25mL，加入 225mL 灭菌蒸馏水，制成混悬液。

（3）食醋

用 20%～30% 灭菌碳酸钠溶液调 pH 到中性。

5. 酒类

用点燃的酒精棉球烧灼瓶口灭菌，用石炭酸纱布盖好，再用灭菌开瓶器将盖启开，含有二氧化碳的酒类可倒入另一灭菌容器内，口勿盖紧，覆盖一灭菌纱布，轻轻摇荡。待气体全部逸出后，进行检验。

6. 蛋及蛋制品

（1）鲜蛋、糖蛋、皮蛋外壳

用经灭菌生理盐水浸湿的棉拭子充分擦拭蛋壳，然后将棉拭子直接放入培养基内增菌培养，也可将整只蛋放入灭菌小烧杯或平皿中，按检样要求加入定量灭菌生理盐水或液体培养基，用灭菌棉拭子将蛋壳表面充分擦洗后，以擦洗液作为检样检验。

（2）鲜蛋蛋液

将鲜蛋在流水下洗净，待干后再用 75% 酒精棉消毒蛋壳，然后根据检验要求，打开蛋壳取出蛋白、蛋黄或全蛋液，放入带有玻璃珠的灭菌瓶内，充分摇匀待检。

（3）巴氏杀菌全蛋粉、蛋白片、蛋黄粉

将检样放入带有玻璃珠的灭菌瓶内，按比例加入灭菌生理盐水充分摇匀待检。

（4）巴氏杀菌冰全蛋、冰蛋白、冰蛋黄

将装有冰蛋检样的瓶浸泡于流动冷水中，使检样熔化后取出，放入带有玻璃珠的灭菌瓶中充分摇匀待检。

（5）各种蛋制品沙门氏菌增菌培养

以无菌操作称取检样，接种于亚硒酸盐煌绿或煌绿肉汤等增菌培养基中（此培养基预先置于盛有适量玻璃珠的灭菌瓶内），盖紧瓶盖，充分摇匀，然后放入（36±1）℃温箱中，培养（20±2）h。

接种以上各种蛋与蛋制品的量及培养基的量和成分：凡用亚硒酸盐煌绿增菌培养时，各种蛋与蛋制品的检样接种量都为 30g，培养基量都为 150mL；凡用煌绿肉汤进行增菌培养时，检样接种量、培养基量和浓度见表 5-2。

表5-2　蛋及蛋制品检样接种量、培养基体积和浓度

检样种类	接种量	培养基体积 /mL	培养基浓度 / (g/mL)
巴氏杀菌全蛋粉	6g（加 24mL 灭菌水）	120	1/6000 ～ 1/4000
蛋黄粉	6g（加 24mL 灭菌水）	120	1/6000 ～ 1/4000
鲜蛋液	6mL（加 24mL 灭菌水）	120	1/6000 ～ 1/4000
蛋白片	6g（加 24mL 灭菌水）	150	1/1000000
巴氏杀菌冰全蛋	30g	150	1/6000 ～ 1/4000
冰蛋黄	30g	150	1/6000 ～ 1/4000
冰蛋白	30g	150	1/60000 ～ 1/50000
鲜蛋、糟蛋、皮蛋	30g	150	1/6000 ～ 1/4000

注：煌绿应临时加入肉汤中，煌绿浓度系以检样和肉汤的总量计算。

7. 水产品类

（1）鱼类

检样采取部位为背肌。先用流水将鱼体表冲净，去鳞，再用 75% 酒精棉球擦净鱼背，待干后用灭菌刀在鱼背部沿脊椎切开 5cm，再切开两端使两块背肌分别向两侧翻开，然后用无菌剪子剪取肉 25g，放入灭菌乳钵内，用灭菌剪子剪碎，加灭菌海砂或玻璃砂研磨（有条件情况下可用均质器），检样磨碎后加入 225mL 灭菌生理盐水，混匀成稀释液。剪取肉样时，切勿触破及粘上鱼皮。鱼糜制品和熟制品应放乳钵内进一步捣碎后，再加生理盐水混匀成稀释液。

（2）虾类

检样的采取部位为腹节内的肌肉。将虾体在流水下冲净，摘去头胸节，用灭菌剪子剪除腹节与头胸节连接处的肌肉，然后挤出腹节内的肌肉，称取 25g 放入灭菌乳钵内，以后操作同鱼类检样处理。

（3）蟹类

检样的采取部位为胸部肌肉。将蟹体在流水下冲净，剥去壳盖和腹脐，再去除鳃条，复置流水下冲净。用 75% 酒精棉球擦拭前后外壁，置灭菌搪瓷盘上待干。然后用灭菌剪子剪开成左右两片，再用双手将一片蟹体的胸部肌肉挤出（用手指从足根一端向剪开的一端挤压），称取 25g，置灭菌乳钵内。以后操作同鱼类检样处理。

（4）贝壳类

用灭菌刀从缝中徐徐切入，撬开壳盖，再用灭菌镊子取出整个内容物，称取 25g 置灭菌乳钵内，以后操作同鱼类检样处理。

8. 冷食菜、豆制品

以无菌操作称取 25g 检样，加入 225mL 灭菌蒸馏水，用均质器打碎 1min，制成混悬液。定型包装样品先用 75% 酒精棉球消毒包装袋口，用灭菌剪刀剪开后以无菌操作称取 25g 检样，加入 225mL 无菌蒸馏水，用均质器打碎 1min，制成混悬液。

9. 方便面（速食米粉）

（1）未配有调味料的方便面（米粉）、即食粥、速食米粉

以无菌操作开封取样，称取样品 25g 加入 225mL 灭菌生理盐水制成 1∶10 的均质液。

（2）配有调味料的方便面（米粉）、即食粥、速食米粉

以无菌操作开封取样，将面（粉）块、干饭粒和全部调味料及配料一起称重，按 1∶1（kg/L）加入灭菌生理盐水，制成检样均质液，然后量取 50mL 均质液加到 200mL 灭菌生理盐水中，制成 1∶10 稀释液。

 知识拓展

处理食品安全事故时，是否要按规定的采样方案执行？

食品安全事故检验和食品抽检的目的不同，原则上不需要按照相关食品产品标准中规定的采样方案进行采样。在处理可能由食源性致病菌引起的食品安全事故时，重要的是发现病原菌，尽快明确事故原因，使涉案病人、场所等得到妥善、正确的处理。因此，如果是由批

量生产加工的食品污染导致的食品安全事故，要重点采集同批次食品样品，食品样品的采集和判定原则按相关采样方案执行。如果是由餐饮单位或家庭烹调加工的食品导致的食品安全事故，重点采集现场剩余的全部或尽可能多的食品样品，以满足食品安全事故起因判定和病原确证的要求。

 工作任务

任务一　食品微生物样品的采集

【任务概述】

按照检验机构要求对市场上主流乳制品进行质量抽查检验，需要完成微生物指标的检验，作为质检员完成乳制品样品的采集工作。

【任务要求】

① 熟悉样品采集原则。
② 能够根据样品的特点确定适宜的采样方法。
③ 培养吃苦耐劳的品质，增强劳动精神，养成良好职业习惯。

【任务实施】

一、任务分析

完成乳制品样品的采集工作，需要明确以下问题：
① 乳制品有哪些类别？有何特点？
② 抽检的目的是什么？应采用哪种抽样方案？

二、材料准备

1. 采样工具

应使用不锈钢或其他强度适当的材料，表面光滑，无缝隙，边角圆润。采样工具应清洗和灭菌，使用前保持干燥。采样工具包括搅拌器具、采样勺、匙、切割丝、刀具（小刀或抹刀）、采样钻等。

2. 样品容器

样品容器的材料（如玻璃、不锈钢、塑料等）和结构应能充分保证样品的原有状态。容器和盖子应清洁、无菌、干燥。样品容器应有足够的体积，使样品可在测试前充分混匀。样品容器包括采样袋、采样管、采样瓶等。

3. 其他用品

包括温度计、铝箔、封口膜、记号笔、采样登记表等。

三、实施步骤

1. 采样要求

采集的样品应当具有代表性。采样过程采用无菌操作，采样方法和采样数量应根据具体产品的特点和产品标准要求执行。样品在保存和运输的过程中，应采取必要的措施防止样品中原有微生物的数量变化，保持样品的原有状态。

2. 采样方案的确定

根据食品危害度确定食品危害类别，然后确定使用 ICMSF 的二级或三级采样方案。

3. 采样

（1）生乳的采样

生乳样品充分搅拌混匀，混匀后立即取样，用无菌采样工具分别从相同批次（此处特指单体的贮奶罐或贮奶车）中采集 n 个样品，采样量应满足微生物指标检验的要求。具有分隔区域的贮奶装置，应根据每个分隔区域内贮奶量的不同，按比例从中采集一定量经混合均匀的代表性样品，将上述奶样混合均匀采样。

（2）液态乳制品的采样

适用于巴氏杀菌乳、发酵乳、灭菌乳、调制乳等。取相同批次最小零售原包装，每批至少取 n 件。

（3）炼乳的采样

适用于淡炼乳、加糖炼乳、调制炼乳等。原包装小于或等于 500g（mL）的制品，取相同批次的最小零售原包装，每批至少取 n 件，采样量不小于 5 倍或以上检验单位的样品。原包装大于 500g（mL）的制品（再加工产品，进出口产品），采样前应摇动或使用搅拌器搅拌，使其达到均匀后采样。如果样品无法进行均匀混合，就从样品容器中的各个部位取代表性样，采样量不小于 5 倍或以上检验单位的样品。

（4）奶油及其制品的采样

适用于稀奶油、奶油、无水奶油等。原包装小于或等于 1000g（mL）的制品，取相同批次的最小零售原包装，采样量不小于 5 倍或以上检验单位的样品。原包装大于 1000g（mL）的制品，采样前应摇动或使用搅拌器搅拌，使其达到均匀后采样。对于固态制品，用无菌抹刀除去表层产品，厚度不少于 5mm。将洁净、干燥的采样钻沿包装容器切口方向往下，匀速穿入底部。当采样钻到达容器底部时，将采样钻旋转 180°，抽出采样钻并将采集的样品转入样品容器。采样量不小于 5 倍或以上检验单位的样品。

（5）干酪与再制干酪的采样

原包装小于或等于 500g 的制品，取相同批次的最小零售原包装，采样量不小于 5 倍或以上检验单位的样品。原包装大于 500g 的制品，根据干酪的形状和类型，可分别使用下列方法，采样量不小于 5 倍或以上检验单位的样品。

① 在距边缘不小于 10cm 处，把取样器向干酪中心斜插到一个平表面，进行一次或几次采样。

② 把取样器垂直插入一个面，并穿过干酪中心到对面。

③ 从两个平面之间，将取样器水平插入干酪的竖直面，插向干酪中心。

④ 若干酪是装在桶、箱或其他大容器中，或是将干酪制成压紧的大块时，将取样器从容器顶斜穿到底进行采样。

（6）乳粉、乳清粉、乳糖、酪乳粉的采样

原包装小于或等于 500g 的制品，取相同批次的最小零售原包装，采样量不小于 5 倍或以上检验单位的样品。原包装大于 500g 的制品，将洁净、干燥的采样钻沿包装容器切口方向往下，匀速穿入底部。当采样钻到达容器底部时，将采样钻旋转 180°，抽出采样钻并将采集的样品转入样品容器。采样量不小于 5 倍或以上检验单位的样品。

4. 样品标记

样品完成采集后应立即贴好标签，做好标记，内容包括采样人、采样地点、时间、样品名称、来源、批号、数量、保存条件等信息。标记应牢固并具有防水性，确保字迹不会被擦掉或脱色。

5. 样品运送

采集的样品应尽快送检，送检过程中，要尽可能保持样品原有的物理和微生物状态，避免引起微生物的增加或减少。样品需要托运或由非专职抽样人员进行运送时，必须将样品封装好。

6. 样品保存

实验室收到待检样品后，应立即展开检测。对不能立即检测的样品，要根据样品的储藏要求采取适当的保存方式，使样品在检测之前维持取样时的状态。

7. 注意事项

① 采集的样品一定要具有代表性，采样时应首先对该批食品原料、加工方式、运输方式、储藏方法、周围环境卫生状况等进行详细调查，检查是否有污染源存在。

② 采样数量及方法应符合检验标准方法的要求。

③ 采样应注意无菌操作，容器必须灭菌，避免环境中微生物污染容器。容器不得使用煤酚皂溶液、新洁尔灭、乙醇等消毒药物灭菌，更不能含有此类消毒药物或抗生素类药物，以避免杀死样品中的微生物。所用剪子、刀、匙等用具也需灭菌方可使用。

④ 样品在检测前，不得受到污染，以免微生物指标发生变化。

⑤ 样品抽取后，应迅速送检测室进行分析。

⑥ 在感官性质上差别很大的食品不允许混在一起，要分开包装，并注明其性质。

⑦ 盛样容器根据要求选用硬质玻璃或聚乙烯制品，容器上要贴上标签，并做好标记。

【实施报告】

制定采样方案并完成抽样单的填写。

食品安全抽样检验抽样单

抽样单编号：_____ No. _____

任务来源				任务类别	□监督抽检 □风险监测
被抽样单位信息	单位名称			区域类型	□城市 □乡村 □景点
	单位地址				
	法定代表人		年销售额	万元	营业执照号
	联系人		电话		传真		邮编
抽样地点	生产环节：□原辅料库 □生产线 □半成品库 成品库（□待检区 □已检区）				
	流通环节：□农贸市场 □菜市场 □批发市场 □商店 □超市 □小食杂店 □网购 □其他				
	餐饮环节：□餐馆（□特大型餐馆 □大型餐馆 □中型餐馆 □小型餐馆） □食堂（□机关食堂 □学校/托幼食堂 □企事业单位食堂 □建筑工地食堂） □小吃店 □快餐店 □饮品店 □集体用餐配送单位 □中央厨房 □其他（　　　　）				

续表

样品信息	样品来源	□加工/自制 □委托生产 □外购 □其他					
	样品属性	□普通食品 □特殊膳食食品 □节令食品 □重大活动保障食品					
	样品类型	□食用农产品 □工业加工食品 □餐饮加工食品 □食品添加剂 □食品相关产品 □其他（　　）					
	样品名称				商标		
	□生产/□加工/□购进日期		年　月　日			规格型号	
	样品批号				保质期		
	执行标准/技术文件				质量等级		
	生产许可证编号			单价		是否出口	□是 □否
	抽样基数/批量			抽样数		备样数量	
	样品形态	□固体 □半固体 □液体 □气体			包装分类	□散装 □预包装	
生产者信息	生产者名称						
	生产者地址						
	生产者联系人				联系电话		
抽样时样品的储存	□常温 □冷藏 □冷冻 □避光 □密闭 □其他温度____（℃）				寄、送样品截止日期		
					寄、送样品地址		
抽样样品包装	□玻璃瓶 □塑料瓶 □塑料袋 □无菌袋 □其他				抽样方式	□无菌抽样 □非无菌抽样	
抽样单位信息	单位名称				地址		
	联系人		电话		传真		邮编
备注							

被抽样单位对抽样程序、过程、封样状态及上述内容意见： □无异议 □有异议 被抽样单位签名（盖章）： 　　　　　　年　月　日	生产者对抽样程序、过程、封样状态及上述内容意见： □无异议 □有异议 生产者签名（盖章）： 　　　　　　年　月　日	抽样人（签名）： 抽样单位（公章）： 　　　　　年　月　日

抽样单填写说明：

① 本文书是抽样单位在执行抽样任务时所使用的文书。

② "抽样编号"为抽样单位内部对所采集样品的编号，按《国家食品安全抽样检验抽样单编号规则》编制填写，一个样品有唯一抽样编号。

③ "No."为抽样单印制的流水号。

④ "任务来源"要求填写出具《国家食品安全抽样检验告知书》的食品药品监管部门的名称。

⑤ "任务类别"在"监督抽检、风险监测"中选择，仅含有风险监测项目的食品样品抽取时选择风险监测，其他选择监督抽检。

⑥ "被抽样单位名称"按照工商行政部门核发的营业执照标示名称填写。

⑦"被抽样单位地址"按照省（自治区、直辖市）、地区（市、州、盟）、县（市、区）、乡（镇）、具体地址的格式填写被抽样单位的实际地址，若在批发市场等流通环节抽样时，应记录被抽样单位摊位号。

⑧"区域类型"在"城镇、乡村、景点"中选择，其中："城市"为县中心城区及县级市以上的城（市）区域范围，"乡镇"为城（市）区域以外范围，"景点"为旅游景点范围，选择"景点"时，应同时选择"城市"或"乡镇"。

⑨"年销售额"在生产加工环节抽样时填写。

⑩"抽样地点"：当单位类型为"生产"时，在"原辅料库、生产线、半成品库、成品库（□待检区、□已检区）"选择其一；当单位类型为"流通"时，在"农贸市场、菜市场、批发市场、商场、超市、小食杂店、网购、其他"中选择其一：当单位类型为"餐饮"时，在"餐馆、食堂、小吃店、快餐店、饮品店、集体用餐配送单位、中央厨房、其他"中选择其一，当选择"餐馆"时还要在"特大型餐馆、大型餐馆、中型餐馆、小型餐馆"中进行选择，当选择"食堂"时还要在"机关食堂、学校/托幼食堂、企事业单位食堂、建筑工地食堂"中进行选择。

⑪"样品名称、规格型号、商标、生产许可证编号、样品批号、执行标准/技术文件、保质期、质量等级、单价、生产者名称、生产者地址、生产者联系人、联系电话"，按实际样品包装标签或销售价签、菜单等标示的名称填写。对食用农产品、餐饮食品等非预包装食品，无明确标示内容的项目，填写"/"，不得留空白。

⑫"生产/加工/购进日期"原则上：对预包装食品按包装标签上标示的生产日期填写，散装食品按进货单标示的生产日期填写，餐饮自制食品按实际加工日期填写，餐饮环节抽取的食用农产品等，按购进日期填写。

⑬"是否出口"在相应□内打"√"即可。此处所指出口，是指同批次产品既在国内销售，又有部分用于出口。同一批次产品全部用于出口的不予抽样。

⑭"抽样基数/批量、抽样数量、备样数量"按照相应产品的抽样检验实施细则中要求的数量抽样并据实填写，数量的单位应与规格型号中的单位一致。

⑮"寄送样品截止日期"，原则上被抽样品应在5日内送至承检机构，特殊情况下根据实际填写。"寄送样品地址"，抽样人员自行送达承检机构的，填写"/"，寄送样品的，需填写样品接受单位和地址。

⑯"抽样单位信息"按抽样参加人员所在单位的具体情况填写。

⑰备注：填写其他需要说明或采集的信息，如"进口食品"、"热加工"（糕点）等，具体参照各类食品抽样检验实施细则填写。

⑱抽样人签名必须两人以上，并加盖抽样单位公章；被抽样单位和生产者须有工作人员签字确认，并加盖被抽样单位公章或其他合法印章。对特殊情况可签字并加按指模确认。

【巩固提升】

①样品采集应遵循哪些原则？

②如何确定样品的采样方案？

③即食生制水产品中副溶血性弧菌标准为 $n=5$，$c=1$，$m=100$ CFU/g，$M=1000$ CFU/g，其含义是什么？

④不能及时送检的样品应如何处理？

【任务评价】

食品微生物样品的采集评价表

项目	评分标准	得分
采样物品的准备	采样工具准备齐全（5分）	
	采样容器准备合理（4分）	
采样计划	合理分析样品特点（6分）	
	采样方案制定合理，分工明确（10分）	
采样	根据不同乳制品特点采用正确的采样方式（20分）	
	样品采集数量准确（15分）	
样品标记	样品标签内容填写完整、准确、不涂改（10分）	
样品运送	样品由抽样人员送检，采用的样品运送方式准确（5分）	
样品保存	根据样品的保存要求采取适当的保存方式（5分）	
抽样单填写	根据实际情况填写，字迹清晰，无涂改（10分）	
素质养成	具有吃苦耐劳的劳动精神，小组分工明确，具有合作精神（10分）	
备注		
总得分		

任务二 食品微生物样品的前处理

【任务概述】

按照检验机构要求对市场上主流乳制品进行质量抽查检验，需要完成微生物指标的检验，作为质检员将采集的乳制品样品进行检验前处理。

【任务要求】

① 熟悉样品前处理方法。
② 能够根据样品性质采用适宜的处理方式。
③ 培养严谨细致的品质，增强劳动精神，养成良好职业习惯。

【任务实施】

一、任务分析

将采集的乳制品样品进行检验前处理，需明确以下问题：
① 乳制品分为几类，特点是什么？
② 前处理有哪些方法？适用范围是什么？
③ 检验指标对样品前处理有什么要求？

二、材料准备

75%酒精棉球、灭菌剪刀、灭菌刀、灭菌吸管、灭菌生理盐水、磷酸氢二钾缓冲液、锥形瓶、量筒、酒精灯、天平等。

三、实施步骤

1. 接收样品

接收送检样品，认真核对登记，确保样品信息完整并符合检验要求。有下列情况之一者可拒绝检验。

① 样品经过特殊高压煮沸或其他方法杀菌，失去代表原食品检验意义的。

② 瓶装或袋装食品已开启，熟肉及其制品、熟禽等食品已折碎不完整的，即失去原食品形状的（食物中毒样品除外）。

③ 按规定采样，数量不足的。

2. 样品处理

（1）乳及液态乳制品的处理

将检样摇匀，以无菌操作开启包装。塑料或纸盒（袋）装的样品用75%酒精棉球消毒盒盖或袋口，用灭菌剪刀切开；玻璃瓶装的样品以无菌操作去掉瓶口的纸罩或瓶盖，瓶口经火焰消毒。用灭菌吸管吸取25mL（液态乳中添加固体颗粒状物的，应均质后取样）检样，放入装有225mL灭菌生理盐水的锥形瓶内，振摇均匀。

（2）半固态乳制品的处理

① 炼乳类样品：清洁瓶或罐表面，用点燃的酒精棉球消毒瓶或罐口周围，然后用灭菌的开罐器打开瓶或罐，以无菌操作称取25g检样，放入预热至45℃的装有225mL灭菌生理盐水（或其他增菌液）的锥形瓶中，振摇均匀。

② 稀奶油、奶油、无水奶油等样品：无菌操作打开包装，称取25g检样，放入预热至45℃的装有225mL灭菌生理盐水（或其他增菌液）的锥形瓶中，振摇均匀。从检样熔化到接种完毕的时间不应超过30min。

（3）固态乳制品的处理

① 干酪及其制品：以无菌操作打开外包装，对有涂层的样品削去部分表面封蜡，对无涂层的样品直接经无菌程序用灭菌刀切开干酪，用灭菌刀（勺）从表层和深层分别取出有代表性的适量样品，磨碎混匀，称取25g检样，放入预热到45℃的装有225mL灭菌生理盐水（或其他稀释液）的锥形瓶中，振摇均匀。充分混合使样品均匀散开（1~3min），分散过程中温度不超过40℃，尽可能避免泡沫产生。

② 乳粉、乳清粉、乳糖、酪乳粉：取样前将样品充分混匀。罐装乳粉的开罐取样法同炼乳处理，袋装奶粉应用75%酒精棉球涂擦消毒袋口，以无菌操作开封取样。称取检样25g，加入预热到45℃盛有225mL灭菌生理盐水等稀释液或增菌液的锥形瓶内（可使用玻璃珠助溶），振摇使充分溶解和混匀。对于经酸化工艺生产的乳清粉，应使用pH 8.4±0.2的磷酸氢二钾缓冲液稀释。对于具较高淀粉含量的特殊配方乳粉，可使用α-淀粉酶降低溶液黏度，或将稀释液加倍以降低溶液黏度。

③ 酪蛋白和酪蛋白酸盐：以无菌操作，称取25g检样，按照产品不同，分别加入225mL灭菌生理盐水等稀释液或增菌液。在对黏稠的样品溶液进行梯度稀释时，应在无菌条件下反复多次吹打吸管，尽量将黏附在吸管内壁的样品转移到溶液中。

A. 酸法工艺生产的酪蛋白：使用磷酸氢二钾缓冲液并加入消泡剂，在pH 8.4±0.2的条件下溶解样品。

B. 凝乳酶法工艺生产的酪蛋白：使用磷酸氢二钾缓冲液并加入消泡剂，在pH 7.5±0.2的条件下溶解样品，室温静置15min。必要时在灭菌的匀浆袋中均质2min，再静置 5min 后检测。

  C. 酪蛋白酸盐：使用磷酸氢二钾缓冲液在 pH 7.5±0.2 的条件下溶解样品。

【实施报告】

完成样品前处理并填写下表。

食品微生物样品的前处理记录表

样品名称	样品编号	包装方式	检测项目	方法依据	预处理方法
备注					

检验员：　　　　　　　　　　　　　　　　日期：
复核人：　　　　　　　　　　　　　　　　日期：

【巩固提升】

① 固体类样品处理时可采取哪些方法？

② 冷冻的样品应如何处理？

③ 样品进行前处理时应注意哪些问题？

【任务评价】

食品微生物样品的前处理评价表

项目	评分标准	得分
前处理物品的准备	穿工作服（3分）	
	仪器试剂准备正确（6分）	
接收样品	认真核对登记、确保样品信息完整（6分）	
	样品符合检验要求，无拒绝检验情况（10分）	
前处理	无菌操作准确（10分）	
	准确处理乳及液态乳制品（15分）	
	准确处理半固态乳制品（15分）	
	准确处理固态乳制品（15分）	
报告填写	根据实际情况填写，字迹清晰，填写准确（10分）	
素质养成	具有吃苦耐劳的劳动精神，小组分工明确，具有合作精神（10分）	
备注		
总得分		

模块五　食品微生物的常规检验

项目二

食品微生物检验

案例引导

2022年上半年,全国各级市场监管部门共组织监督抽检3137批次雪糕产品,其中检出不合格样品15批次,不合格项目为菌落总数、大肠菌群、单核细胞增生李斯特氏菌和蛋白质。

思考:①食品中微生物检验指标有哪些?有何意义?

②如何进行微生物指标检验?

知识脉络

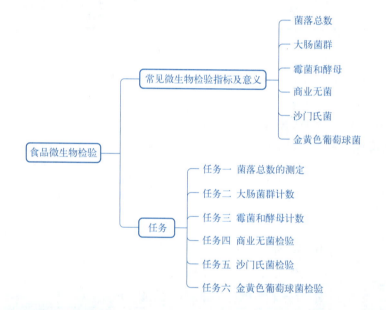

学习目标

知识:①了解常见微生物检验指标及检验意义。

②熟悉各种微生物指标的检验国标。

技能:①能够根据食品特点确定微生物指标的检验依据。

②能够根据国标进行检验操作。

> 素养：①严格按照国标进行检验操作，培养标准意识，具有严谨求实的科学精神。
> ②增强食品安全意识。

知识准备

（一）菌落总数

菌落指细菌在固体培养基上生长繁殖而形成的能被肉眼识别的生长物，它由数以万计相同的细菌集合而成。当样品被稀释到一定程度，与培养基混合在一定培养条件下，每个能够生长繁殖的细菌细胞都可以在平板上形成一个可见的菌落。

1. 菌落总数的定义

菌落总数指食品检样经过处理，在一定条件下培养后，所得1g或1mL检样中形成的细菌菌落总数，以CFU/g（mL）来表示。一定条件包括培养基成分、培养温度、培养时间、pH、是否需要氧气等。按国家标准方法规定，即在需氧情况下，37℃培养48h，能在普通营养琼脂平板上生长的细菌菌落总数。另外，厌氧菌、微好氧菌、有特殊营养要求的细菌及非嗜中温的细菌，由于现有条件不能满足其生理需求，难以繁殖生长，菌落总数并不表示实际中的所有细菌总数，也不能区分其中细菌的种类，只包括一群在计数平板琼脂中生长发育、嗜中温的需氧和兼性厌氧的细菌菌落总数，所以有时被称为杂菌数、需氧菌数等。按GB 4789.2—2022《食品安全国家标准 食品微生物学检验 菌落总数测定》的规定进行检验。

2. 菌落总数测定意义

菌落总数测定用来判定食品被细菌污染的程度及卫生质量，它反映食品在生产过程中是否符合卫生要求，以便对被检样品作出适当的卫生学评价。菌落总数在一定程度上标志着食品卫生质量的优劣。

菌落总数是食品安全指标中的重要检验项目，主要作为判别食品被污染程度的标志。通过测定菌落总数，可以了解食品生产中从原料加工到成品包装所受到外界污染的情况；也可以观察细菌在食品中繁殖动态确定食品的保存期，以便为被检样品的卫生学评价提供依据。食品中细菌菌落总数越多，则食品含有致病菌的可能性越大，食品质量越差；菌落总数越小，则食品含有致病菌的可能性越小。如果食品中菌落总数多于10万个，就足以引起细菌性食物中毒；如果人的感官能察觉食品发生变质，则细菌数已达到$10^6 \sim 10^7$个/g（mL）。菌落总数严重超标，说明其产品的卫生状况达不到基本的卫生要求，将会破坏食品的营养成分，加速食品的腐败变质，使食品失去食用价值。但不能单凭菌落总数一项指标来评价食品安全质量的优劣，必须配合大肠菌群和致病菌的检验，才能对食品作出较全面的评价。

需要强调的是菌落总数和致病菌数有着本质区别。菌落总数包括致病菌数和有益菌数。对人体有损害的主要是致病菌，有些致病菌会破坏肠道的正常菌落环境，一部分可能在肠道被杀灭，一部分会留在人体引起腹泻，损伤肝脏等身体器官。菌落总数超标也意味着致病菌超标的概率增大，增加了危害人体健康的风险。

（二）大肠菌群

1. 大肠菌群的定义

大肠菌群是指在一定培养条件下能发酵乳糖、产酸产气的需氧和兼性厌氧革兰氏阴性无芽孢杆菌。大肠菌群包括埃希氏菌属、柠檬酸细菌属、肠杆菌属、克雷伯菌属等，大肠菌群中以埃希氏菌属为主，称为典型大肠杆菌，其他三属习惯上称为非典型大肠杆菌，其生化特性分类见表 5-3。测定大肠菌群数量的方法，通常按稀释平板法，以每 100mL（g）食品检样内大肠菌群的最可能数（MPN）表示。

表5-3 大肠菌群生化特性分类表

项目	靛基质	甲基红	V-P	柠檬酸盐	H_2S	明胶	动力	44.5℃乳糖
大肠埃希氏菌Ⅰ	+	+	−	−	−	−	+/−	+
大肠埃希氏菌Ⅱ	−	+	−	−	−	−	+/−	−
大肠埃希氏菌Ⅲ	+	+	−	−	−	−	−	−
费劳地柠檬酸杆菌Ⅰ	−	+	−	+	+/−	−	+/−	+
费劳地柠檬酸杆菌Ⅱ	+	+	−	+	+/−	−	+/−	+
产气克雷伯菌Ⅰ	−	−	+	+	−	−	−	+
产气克雷伯菌Ⅱ	+	−	+	+	−	−	−	+
阴沟肠杆菌	+	−	+	+	−	+/−	+	−

注：+ 表示阳性；− 表示阴性；+/− 表示多数阳性，少数阴性。

2. 大肠菌群测定意义

（1）粪便污染指标菌

早在 1892 年，Schardinger 首先提出将大肠杆菌作为水源中病原菌污染的指标菌，因为大肠杆菌是存在于人和动物肠道内的常见细菌。一年后，Theobald Smith 指出，大肠杆菌普遍存在于肠道内，若在肠道以外的环境中发现，就可以认为这是由人或动物的粪便污染造成的。从此，开始应用大肠杆菌作为水源中粪便污染的指标菌。

研究发现成人粪便中的大肠菌群含量为 $10^8 \sim 10^9$ 个 /g。若水中或食品中发现大肠菌群，即可证实已被粪便污染，有粪便污染就可能有肠道病原菌存在。基于此就可以认为这种含有大肠菌群的水或食品供食用是不安全的，所以目前为评价食品的卫生质量而进行检验时，也都采用大肠菌群或大肠杆菌作为粪便污染的指标菌。当然有粪便污染不一定就有肠道病原菌存在，但即使无病原菌，只要是被粪便污染的水或食品就是不卫生的。

（2）粪便污染指标菌的选择

作为理想的粪便污染指标菌应具备以下几个特性：

① 存在于肠道内特有的细菌，才能显示出指标菌的特异性。

② 在肠道内占有极高的数量，即使被高度稀释后也能被检出。

③ 在肠道以外的环境中，其抵抗力大于肠道致病菌或相似，进入水中不再繁殖。

④ 检验方法简便，易于检出和计数。

在食品卫生微生物检验中，依据上述条件，粪便中数量最多的是大肠菌群，而且大肠菌群随粪便排出体外后，其存活时间与肠道主要致病菌大致相似，在检验方法上也以大肠菌群的检验技术较简便易行，因此我国选用大肠菌群作为粪便污染指标菌。

另外，作为粪便污染的指标菌还有双歧杆菌、拟杆菌、乳酸菌、肠杆菌科中的梭状芽孢杆菌和 D 群链球菌等。据报道，拟杆菌是人体肠道内第二个较大的菌群，厌氧性乳酸菌占人体肠道内细菌总数的 50% 以上，一般粪便中该菌量为 $10^9 \sim 10^{10}$ 个 /g。肠道内属于肠杆菌科的细菌，除上述细菌外，还有克雷伯菌属、变形杆菌和副大肠杆菌等，也可以充当粪便污染指标菌。部分研究者认为，在冷冻食品或冷冻状态照射处理过的食品中，大肠杆菌比其他多种病原菌容易死亡，因此像这类食品用大肠菌群作为指标菌就不够理想，而 D 群链球菌对低温抵抗力强，可作为这类食品的粪便污染指标菌。上述肠道内的其他细菌虽与粪便有关，但均不如大肠菌群所具备的指标特异性强，因此目前还没有列入公认的粪便污染指标菌。

当然大肠菌群作为粪便污染指标菌也有不足之处：一是饮用水中在含有较少量大肠菌群的情况下，有时仍能引起肠道传染病的流行；二是大肠菌群在一定条件下能在水中生长繁殖；三是在外界环境中，有的沙门氏菌比大肠菌群更有耐受力。

（3）大肠菌群作为粪便污染指标菌的意义

食用粪便污染的食品往往是肠道传染病发生的主要原因，因此检查食品中有无肠道菌，对控制肠道传染病的发生和流行具有十分重要的意义。

人、畜粪便对外界环境的污染是大肠菌群在自然界存在的主要原因。在腹泻患者所排出的粪便中，非典型大肠杆菌常有增多趋势，这可能是机体肠道发生紊乱，大肠菌群在类型组成的比例上发生改变所致。随粪便排至外环境中的典型大肠杆菌，也可因条件的改变而在生化性状上发生变异，从而转变为非典型大肠杆菌。由此看来，大肠菌群无论在粪便内还是在外环境中，都是作为一个整体而存在的，它的菌型组成往往是多种的，只是在比例上因条件不同而有差异。因此大肠菌群的检出不仅反映食品被粪便污染的情况，而且在一定程度上也反映了食品在生产加工、运输、保存等过程中的卫生状况，具有广泛的卫生学意义。

由于大肠菌群作为粪便污染指标菌被列入食品卫生微生物学常规检验项目，如果食品中大肠菌群超过规定限量，则表示该食品有被粪便污染的可能，而粪便如果是来自肠道致病菌感染者或者腹泻患者，则该食品极有可能污染肠道致病菌。所以凡是大肠菌群数超过规定限量的食品，即可确定其在卫生学上是不合格的，该食品食用起来是不安全的。

（三）霉菌和酵母

霉菌是丝状真菌的统称，即为"发霉的真菌"的意思，凡是在营养基质上能形成绒毛状、网状或絮状菌丝体的真菌都称为霉菌。酵母菌是真菌中的一大类，通常是单细胞，呈圆形、卵圆形、腊肠状或杆状，其细胞中蛋白质含量高达细胞干重的 50% 以上，并含有人体必需的氨基酸。酵母多为腐生型，少数为寄生型。

霉菌和酵母广泛分布于自然界中，并可作为食品中正常菌种的一部分。长期以来，人们利用某些霉菌和酵母加工一些食品，比如可以用霉菌加工干酪和火腿，使其味道鲜美，还可利用霉菌和酵母菌来进行酿酒、制酱等。但在某些情况下，霉菌和酵母也可造成食品腐败变质。由于它们生长缓慢且竞争能力不强，故常在不适于细菌生长的食品中出现。这些食品一般 pH 值较低，湿度较低，含盐和含糖量较高，低温储存或含有抗生素等。大量的酵母菌存在，不仅可以引起食品风味下降和变质，甚至还可促进致病菌的生长。酵母菌对各种防腐剂、电离辐射、冷冻等抵抗力较强，有可能成为食品变质的优势菌。有些霉菌能够合成有毒代谢产物——霉菌毒素，可引起急性或慢性食源性疾病，黄曲霉毒素有强烈的致癌性等。霉菌和酵母常使食品表面失去色、香、味。如酵母菌在新鲜的和加工的食品中繁殖，可使食品产生难闻的异味，还可以使液体发生混浊，产生气泡，形成薄膜，改变颜色及散发不正常气味等。因此，霉菌和酵母也作为评价食品卫生质量的指示菌，并以霉菌和酵母计数来判定食品被污染的程度。

> **互动讨论**
>
> 查一查，哪些类别的食品需要检验霉菌和酵母。

（四）商业无菌

罐头食品一般要求商业无菌。罐头食品经过适度的热杀菌以后，不含有致病的微生物，也不含有在通常温度下能在其中繁殖的非致病性微生物，这种状态称为商业无菌。商业无菌并非完全灭菌，其中可能存在耐高温的、无毒的嗜热芽孢杆菌，该菌在适当的加工和储藏条件下处于休眠状态，不会出现食品安全问题。由于绝对灭菌指完全不存在活菌，如达到完全灭菌，则加热过程中，温度需达到 121℃ 以上时，会使罐头食品香味消散、色泽和坚实度改变以及营养成分损失，因而采用商业无菌的方法。

罐头食品几个基本术语：

① 密封：食品容器经密闭后能阻止微生物进入的状态。

② 胖听：由于罐头内微生物活动或化学作用产生气体，形成正压，使一端或两端外凸的现象。

③ 泄漏：罐头密封结构有缺陷，或由于撞击而破坏密封，或罐壁腐蚀而穿孔致使微生物侵入的现象。

④ 低酸性罐头食品：除酒精饮料以外，凡杀菌后平衡 pH 大于 4.6、水活性值大于 0.85 的罐头食品称为低酸性罐头食品；原来是低酸性的水果、蔬菜或蔬菜制品，为加热杀菌的需要而加酸降低 pH 的，属于酸化的低酸性罐头食品。

⑤ 酸性罐头食品：杀菌后平衡 pH 等于或小于 4.6 的罐头食品，pH 小于 4.7 的番茄、梨和菠萝以及由其制成的汁，以及 pH 小于 4.9 的无花果都称为酸性罐头食品。

目前，我国对罐头食品的检验主要采用常规法，即通过将样品保温观察至少 5~10d 后，再做内容物感官检查、测定 pH 值和显微镜检查，以检查罐头中是否存在因加热杀菌不恰当或罐头密封不良而存有公共卫生意义的致病菌以及在通常温度下能在其中繁殖的非致病性微生物。

（五）沙门氏菌

沙门氏菌属是一大群寄生于人类和动物肠道内，生化反应和抗原构造相似的革兰氏阴性杆菌，无芽孢，一般无荚膜。除鸡白痢和鸡伤寒沙门氏菌外，都具有周身鞭毛，能运动。对营养要求不高，在普通培养基上能生长良好。培养 24h 后，形成中等大小、圆形或近似圆形、表面光滑、无色半透明、边缘整齐的菌落。能发酵葡萄糖、麦芽糖、甘露醇、山梨酸，产酸产气。不发酵乳糖、蔗糖、侧金盏花醇。不产生吲哚，V-P 阴性。不水解尿素，对苯丙氨酸不脱氨。

沙门氏菌具有复杂的抗原结构，一般可分为四种，即菌体（O）抗原、鞭毛（H）抗原、表面（K）抗原以及菌毛抗原。沙门氏菌对热及外界环境的抵抗力中等，60℃，20～30min 可杀死，在水中虽不易繁殖，但可存活 2～3 周，在自然环境的粪便中可生存 3～4 个月，在 25℃可存活 10 个月左右，本属菌对氯霉素敏感。

沙门氏菌不产生外毒素，但菌体裂解时可产生毒性很强的内毒素，此种毒素为致病的主要因素，可引起人体发冷、发热及白细胞减少等病症。

沙门氏菌主要污染肉类食品，鱼、禽、奶、蛋类食品也可受此菌污染。沙门氏菌食物中毒全年都可发生，吃了未煮透的病死牲畜肉或在屠宰后其他环节污染的牲畜肉是引起沙门氏菌食物中毒的最主要原因。因此，检查食品中的沙门氏菌极为重要。

> **互动讨论**
>
> 日常生活中，如何预防沙门氏菌污染？

（六）金黄色葡萄球菌

金黄色葡萄球菌为革兰氏阳性球菌，显微镜下排列成葡萄串状，无芽孢，无鞭毛，大多数无荚膜。金黄色葡萄球菌营养要求不高，在普通培养基上生长良好，需氧或兼性厌氧，最适生长温度 37℃，最适生长 pH7.4。平板上菌落厚、有光泽、圆形凸起。血平板菌落周围形成透明的溶血环。耐盐性强，可在 10%～15%NaCl 肉汤中生长。可分解葡萄糖、麦芽糖、乳糖、蔗糖，产酸不产气，甲基红反应阳性。许多菌株可分解精氨酸，水解尿素，还原硝酸盐，液化明胶。其具有较强的抵抗力，对磺胺类药物敏感性低，但对青霉素、红霉素等高度敏感。

金黄色葡萄球菌是常见的引起食物中毒的致病菌，常见于皮肤表面及上呼吸道黏膜，是人类化脓性感染中最常见的病原菌，可引起局部化脓性感染，也可引起肺炎、假膜性小肠结肠炎、肾盂肾炎、心包炎等多系统的化脓性感染，还可引起败血症、脓毒血症等全身性感染。金黄色葡萄球菌引起食物中毒，夏天最多，主要污染食物为肉、奶、鱼类及其制品等各种动物源食品，剩饭、糯米凉糕、凉粉等也有发生污染。

对金黄色葡萄球菌的防控，可以采取以下措施：

① 防止带菌人群对食品的污染。定期对食品生产人员和饮食从业人员进行健康检查，患有化脓性感染的人不能参加任何与食品有关的工作。食品加工用具使用后，要严格消毒，以防污染食品。

② 防止葡萄球菌对食品的污染。定期检查奶牛的乳房，患有乳腺炎的奶牛产的奶不能使用。健康奶牛的奶挤出以后要迅速冷却到 10℃以下，抑制细菌繁殖和生成肠毒素。肉制品加工厂要将患局部化脓感染的畜禽尸体去除病变部位，经高温处理后再进行加工。

③ 防止毒素的生成。应在低温和通风良好的条件下储存原料、半成品和成品，以防肠毒素的形成。在气温较高的季节，食物应冷藏或放在通风的地方不超过 6h，而且食用前要彻底加热。

知识拓展

食品中微生物指标超标，可以复检吗？

微生物指标是企业产品出厂及过程监测特别关注的指标，也是食品抽检的重点项目。在食品抽检中经常有微生物不合格的信息公布。抽检中出现微生物不合格，企业可以申请复检吗？

在法规中，《食品安全抽样检验管理办法》（2022年修正版）规定："检验结论为微生物指标不合格的不予复检"。另外《市场监管总局办公厅关于进一步规范食品安全监督抽检复检和异议工作的通知》（市监食检〔2018〕48号）提到："检验结论为微生物指标不合格的不予受理"。《中华人民共和国食品安全法》（2021年修正版）、《中华人民共和国食品安全法实施条例》（2019年修订版）未明确微生物是否可以复检。

在《食品安全国家标准　食品微生物学检验　总则》（GB 4789.1—2016）中规定了食品微生物学检验基本原则和要求，适用于食品微生物学检验。该标准规定：检验结果报告后，剩余样品和同批产品不进行微生物项目的复检。

出厂检验中微生物不合格的产品，可以内部复验，再次确认检验结果，同时也可用于找出该批次产品不合格的原因，进行后续整改，生产出安全合格的产品。

抽检中出现微生物指标不合格，企业有依法获取抽样检验结果通知及申请复验的权利，并且对微生物检验结果复验，是通过对检验过程记录的复核实现，而不是在复检机构进行再次检验。

 工作任务

任务一　菌落总数的测定

【任务概述】

某食品有限公司生产了一批特鲜酱油，需要进行菌落总数指标检验。作为质检员请完成样品菌落总数的测定，并思考产品生产过程中哪些因素会影响菌落总数。

【任务要求】

① 熟悉菌落总数卫生学意义。
② 能够熟练查询国标并根据国标方法进行菌落总数的测定。
③ 培养标准意识，严格执行国标规定，具备严谨求实的科学态度。

【任务实施】

一、任务分析

完成样品菌落总数的测定，需要明确以下问题：
① 菌落总数的检测国标是什么？
② 酱油的菌落总数要求是什么？

二、材料准备

1. 设备和材料

除微生物实验室常规灭菌及培养设备外，其他设备和材料如下：

① 恒温培养箱：（36±1）℃、（30±1）℃。
② 冰箱：2~5℃。
③ 恒温水浴箱：（46±1）℃。
④ 天平：感量为 0.1g。
⑤ 均质器。
⑥ 振荡器。
⑦ 无菌吸管：1mL（具 0.01mL 刻度）、10mL（具 0.1mL 刻度）或微量移液器及吸头。
⑧ 无菌锥形瓶：容量 250mL、500mL。
⑨ 无菌培养皿：直径 90mm。
⑩ pH 计或 pH 比色管或精密 pH 试纸。
⑪ 放大镜或/和菌落计数器。

2. 培养基和试剂

（1）平板计数琼脂培养基

成分：胰蛋白胨 5.0g、酵母浸膏 2.5g、葡萄糖 1.0g、琼脂 15.0g、蒸馏水 1000mL。

配制：将上述成分加入蒸馏水中，煮沸溶解，调节 pH 至 7.0±0.2。分装试管或锥形瓶，121℃高压灭菌 15min。

（2）磷酸盐缓冲液

成分：磷酸二氢钾（KH_2PO_4）34.0g、蒸馏水 500mL。

配制：① 贮存液：称取 34.0g 磷酸二氢钾溶于 500mL 蒸馏水中，用大约 175mL 的 1mol/L 氢氧化钠溶液调节 pH 至 7.2，用蒸馏水稀释至 1000mL 后贮存于冰箱。

② 稀释液：取贮存液 1.25mL，用蒸馏水稀释至 1000mL，分装于适宜容器中，121℃高压灭菌 15min。

（3）无菌生理盐水

成分：氯化钠 8.5g、蒸馏水 1000mL。

配制：称取 8.5g 氯化钠溶于 1000mL 蒸馏水中，121℃高压灭菌 15min。

三、实施步骤

按 GB 4789.2—2022《食品安全国家标准 食品微生物学检验 菌落总数测定》的规定进行菌落总数测定，测定程序如图 5-1 所示。

菌落总数检测技术

1. 样品稀释

（1）样品处理

固体和半固体样品：称取 25g 样品置盛有 225mL 磷酸盐缓冲液或生理盐水的无菌均质杯内，8000~10000r/min 均质 1~2min，或放入盛有 225mL 稀释液的无菌均质袋中，用拍击式均质器拍打 1~2min，制成 1∶10 的样品匀液。

液体样品：以无菌吸管吸取 25mL 样品置盛有 225mL 无菌磷酸盐缓冲液或生理盐水的无菌锥形瓶（瓶内预置适当数量的无菌玻璃珠）中，充分混匀，制成 1∶10 的样品匀液。

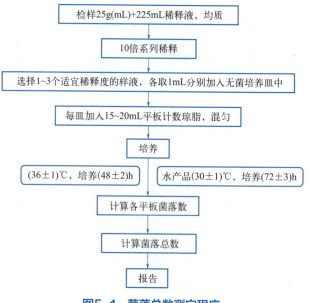

图5-1 菌落总数测定程序

（2）10倍系列稀释

用1mL无菌吸管或微量移液器吸取1:10样品匀液1mL，沿管壁缓慢注于盛有9mL稀释液的无菌试管中（注意吸管或吸头尖端不要触及稀释液面），振摇试管或换用1支无菌吸管反复吹打使其混合均匀，制成1:100的样品匀液。重复以上操作制备10倍系列稀释样品匀液。每递增稀释一次，换用1次1mL无菌吸管或吸头。

（3）倒平板

根据对样品污染状况的估计，选择2~3个适宜稀释度的样品匀液（液体样品可包括原液），在进行10倍递增稀释时，吸取1mL样品匀液于无菌平皿内，每个稀释度做两个平皿。同时，分别吸取1mL空白稀释液加入两个无菌平皿内作空白对照。及时将15~20mL冷却至46℃的平板计数琼脂培养基［放置于（46±1）℃恒温水浴箱中保温］倾注平皿，并转动平皿使其混合均匀。

2. 培养

待琼脂凝固后，将平板翻转，（36±1）℃培养（48±2）h，水产品（30±1）℃培养（72±3）h。如果样品中可能含有在琼脂培养基表面弥漫生长的菌落，可在凝固后的琼脂表面覆盖一薄层琼脂培养基（约4mL），凝固后翻转平板，按上述条件进行培养。

3. 菌落计数

培养形成的菌落可用肉眼观察，必要时用放大镜或菌落计数器，记录稀释倍数和相应的菌落数量。菌落计数以菌落形成单位（colony forming unit，CFU）表示。

① 选取菌落数在30~300CFU之间、无蔓延菌落生长的平板计数菌落总数。低于30CFU的平板记录具体菌落数，大于300CFU的可记录为多不可计。每个稀释度的菌落数应采用两个平板的平均数。

② 其中一个平板有较大片状菌落生长时，则不宜采用，而应以无片状菌落生长的平板作为该稀释度的菌落数；若片状菌落不到平板的一半，而其余一半中菌落分布又很均匀，即可计算半个平板后乘以2，代表一个平板菌落数。

③ 当平板上出现菌落间无明显界线的链状生长时，则将每条单链作为一个菌落计数。

4. 结果计算

① 若只有一个稀释度平板上的菌落数在适宜计数范围内，计算两个平板菌落数的平均值，再将平均值乘以相应稀释倍数，作为每 g（mL）样品中菌落总数结果。

② 若有两个连续稀释度的平板菌落数在适宜计数范围内时，按下式计算：

$$N = \frac{\sum C}{(n_1 + 0.1n_2)d}$$

式中　N——样品中菌落数；

$\sum C$——平板（含适宜范围菌落数的平板）菌落数之和；

n_1——第一稀释度（低稀释倍数）平板个数；

n_2——第二稀释度（高稀释倍数）平板个数；

d——稀释因子（第一稀释度）。

③ 若所有稀释度的平板上菌落数均大于 300CFU，则对稀释度最高的平板进行计数，其他平板可记录为多不可计，结果按平均菌落数乘以最高稀释倍数计算。

④ 若所有稀释度的平板菌落数均小于 30CFU，则应按稀释度最低的平均菌落数乘以稀释倍数计算。

⑤ 若所有稀释度（包括液体样品原液）平板均无菌落生长，则以小于 1 乘以最低稀释倍数计算。

⑥ 若所有稀释度的平板菌落数均不在 30~300CFU 之间，其中一部分小于 30CFU 或大于 300CFU 时，则以最接近 30CFU 或 300CFU 的平均菌落数乘以稀释倍数计算。

5. 结果报告

① 菌落总数小于 100CFU 时，按"四舍五入"原则修约，以整数报告。

② 菌落总数大于或等于 100CFU 时，第 3 位数字采用"四舍五入"原则修约后，采用两位有效数字，后面用 0 代替位数；也可用 10 的指数形式来表示，按"四舍五入"原则修约后，采用两位有效数字。

③ 若空白对照上有菌落生长，则此次检测结果无效。

④ 称重取样以 CFU/g 为单位报告，体积取样以 CFU/mL 为单位报告。

6. 注意事项

① 操作中必须有"无菌操作"的概念，所用玻璃器皿必须是完全灭菌的。操作应当在超净工作台或经过消毒处理的无菌室进行。

② 取样时宜多采几个部位，保证样品的代表性。固体样品必须经过均质或研磨，液体样品须经过振摇，以获得均匀稀释液。

③ 每递增稀释一次即换用 1 支 1mL 灭菌吸管。

④ 倾注用培养基应在 46℃水浴内保温，温度过高会影响细菌生长，过低琼脂易于凝固而不能与菌液充分混匀。如无水浴，应以皮肤感受较热而不烫为宜。

⑤ 倾注培养基的量一般以 15mL 较为适宜，平板过厚可影响观察，太薄又容易干裂。

⑥ 为使菌落能在平板上均匀分布，检液加入平皿后，应尽快倾注培养基并旋转混匀，检样从开始稀释到倾注最后一个平皿所用时间不宜超过 20min，以防止细菌死亡或繁殖。

⑦ 为了避免食品中的微小颗粒或培基中的杂质与细菌菌落发生混淆，不易分辨，

可同时作一稀释液与琼脂培养基混合的平板，不经培养，而于4℃环境中放置，以便计数时作对照观察。

⑧ 菌落总数测定的结果计算说明：菌落总数结果计算中的菌落选取方法以表 5-4 说明。

表5-4　菌落总数稀释度选择及结果报告

序号	稀释度及菌落数			选定稀释度	结果报告 [CFU/g(mL)]
	10^{-2}	10^{-3}	10^{-4}		
1	450，470	58，52	12，9	10^{-3}	$5.5×10^4$
2	232，244	35，33	6，5	10^{-2} 和 10^{-3}	$2.5×10^4$
3	无法计数	618，634	310，314	10^{-4}	$3.1×10^6$
4	30，22	12，11	2，6	10^{-2}	$2.6×10^3$
5	0	0	0	—	<100
6	451，472	308，312	15，8	10^{-3}	$3.1×10^5$

例题 1：按照菌落总数计数要求需要选取菌落数在 30～300 之间的平板作为测定标准，计数结果中只有 10^{-3} 一个稀释度平板上的菌落数在适宜计数范围内，则选取此稀释度，计算两个平板菌落数的平均值为 55，再乘以相应稀释倍数，结果报告为 $5.5×10^4$。

例题 2：菌落计数结果中有 10^{-2} 和 10^{-3} 两个连续稀释度的平板菌落数在适宜计数范围内时，按如下公式计算：

$$N = \frac{\sum C}{(n_1 + 0.1 n_2)d} = \frac{232 + 244 + 35 + 33}{(2 + 0.1 \times 2) \times 0.01} \approx 24727$$

24727 按要求进行数据修约后为 25000 或 $2.5×10^4$。

例题 3：所有稀释度的平板菌落数均 > 300，那么取最高稀释度 10^{-4} 进行计算，其平均菌落数为 312，乘以稀释倍数后，结果报告为 $3.1×10^6$。

例题 4：所有稀释度平板菌落数均 < 30，那么取最低稀释度 10^{-2} 进行计算，其平均菌落数为 26，乘以稀释倍数后，结果报告为 $2.6×10^3$。

例题 5：所有稀释度平板均无菌落生长，则结果按 <1 乘以最低稀释倍数计算，报告为 <100。

例题 6：所有稀释度均不在 30～300 之间，10^{-3} 稀释度菌落数 > 300，10^{-2} 稀释度菌落数又 < 30，但比较而言 10^{-3} 稀释度更接近 300，因此选此稀释度进行计算，结果报告为 $3.1×10^5$。

【实施报告】

将检验结果填入下表。

菌落总数测定检验报告

样品名称		样品规格	
产品批号		环境条件	
检验项目		生产日期	
检验依据		检验日期	

续表

仪器设备及耗材：

培养基及试剂：

实验过程：

稀释倍数				
1				
2				
平均				
空白				
菌落总数				
国标要求				
结论				

检验员：　　　　　　　　　　　　　　　　　日期：
复核人：　　　　　　　　　　　　　　　　　日期：

【巩固提升】

① 什么是菌落总数，其测定意义有哪些？
② 影响菌落总数测定准确性的因素有哪些？

【任务评价】

菌落总数测定评价表

项目	评分标准	得分
实验准备	工作服穿戴整齐（2分）	
	实验试剂耗材准备齐全（10分）	
样品制备	用75%酒精棉球正确进行手的消毒（3分）	
	正确使用吸管，垂直调节液面，放液时吸管尖端不触及液面（5分）	
	10倍系列稀释操作准确，稀释时能混合均匀，每变化一个稀释倍数更换一个吸管（10分）	
	试管手持姿势准确，开塞盖塞动作熟练，开塞前后管口灭菌（4分）	
	选择2～3个适宜的稀释度（6分）	
培养	平皿及锥形瓶握持姿势正确，倾注培养基适量，混合均匀（5分）	
	培养温度、培养时间设置准确（7分）	
菌落计数	能正确判断菌落并准确计数（15分）	
	空白对照无菌落生长（5分）	
报告填写	报告填写认真、字迹清晰（3分）	
	报告结果规范、准确（10分）	

模块五　食品微生物的常规检验

续表

项目	评分标准	得分
实验整理	仪器归位，试剂回收，整理台面（5分）	
素质养成	认真细致如实记录实验数据，具备数据处理能力，能够严格按照国标进行操作，具有严谨求实的科学态度（10分）	
备注		
总得分		

任务二 大肠菌群计数

【任务概述】

某地市场监督管理局对辖区内的餐饮门店的所用餐具进行大肠菌群指标检测。作为质检员完成样品的大肠菌群计数，并思考大肠杆菌是如何污染餐具的。

【任务要求】

① 熟悉大肠菌群卫生学意义。
② 能够熟练查询国标并根据国标方法进行大肠菌群计数。
③ 培养标准意识，严格执行无菌操作，具备规范操作意识。

【任务实施】

一、任务分析

完成样品的大肠菌群计数，需要明确以下问题：
① 大肠菌群的检测国标是什么？
② 餐具中检测大肠菌群应该使用哪种检测方法？
③ 餐具中的大肠菌群指标要求是什么？

二、材料准备

1. 设备和材料

除微生物实验室常规灭菌及培养设备外，其他设备和材料如下：
① 恒温培养箱：（36±1）℃。
② 冰箱：2~5℃。
③ 恒温水浴箱：（46±1）℃。
④ 天平：感量0.1g。
⑤ 均质器。
⑥ 振荡器。
⑦ 无菌吸管：1mL（具0.01mL刻度）、10mL（具0.1mL刻度）或微量移液器及吸头。
⑧ 无菌锥形瓶：容量500mL。
⑨ 无菌培养皿：直径90mm。
⑩ pH计或pH比色管或精密pH试纸。
⑪ 菌落计数器。

2. 培养基和试剂

（1）月桂基硫酸盐胰蛋白胨（LST）肉汤

成分：胰蛋白胨或胰酪胨 20.0g、氯化钠 5.0g、乳糖 5.0g、磷酸氢二钾（K_2HPO_4）2.75g、磷酸二氢钾（KH_2PO_4）2.75g、月桂基硫酸钠 0.1g、蒸馏水 1000mL。

制法：将上述成分溶解于蒸馏水中，调节 pH 至 6.8±0.2。分装到有玻璃小倒管的试管中，每管 10mL，121℃高压灭菌 15min。

（2）煌绿乳糖胆盐（BGLB）肉汤

成分：蛋白胨 10.0g、乳糖 10.0g、牛胆粉溶液 200mL、0.1%煌绿水溶液 13.3mL、蒸馏水 800mL。

制法：将蛋白胨、乳糖溶于约 500mL 蒸馏水中，加入牛胆粉溶液 200mL（将 20.0g 脱水牛胆粉溶于 200mL 蒸馏水中，调节 pH 至 7.0～7.5），用蒸馏水稀释到 975mL，调节 pH 至 7.2±0.1，再加入 0.1%煌绿水溶液 13.3mL，用蒸馏水补足到 1000mL，用棉花过滤后，分装到有玻璃小倒管的试管中，每管 10mL。121℃高压灭菌 15min。

（3）无菌磷酸盐缓冲液

① 贮存液：称取 34.0g 的磷酸二氢钾溶于 500mL 蒸馏水中，用大约 175mL 的 1mol/L 氢氧化钠溶液调节 pH 至 7.2±0.2，用蒸馏水稀释至 1000mL 后贮存于冰箱。

② 稀释液：取贮存液 1.25mL，用蒸馏水稀释至 1000mL，分装于适宜容器中，121℃高压灭菌 15min。

（4）无菌生理盐水

称取 8.5g 氯化钠溶于 1000mL 蒸馏水中，121℃高压灭菌 15min。

（5）1mol/L NaOH 溶液

称取 40g 氢氧化钠溶于 1000mL 无菌蒸馏水中。

（6）1mol/L HCl 溶液

移取浓盐酸 90mL，用无菌蒸馏水稀释至 1000mL。

三、实验步骤

按 GB 4789.3—2016《食品安全国家标准 食品微生物学检验 大肠菌群计数》的规定进行大肠菌群计数。本标准规定了两种测定方法，即大肠菌群 MPN 计数法（适用于大肠菌群含量较低的食品中大肠菌群的计数）和大肠菌群平板计数法（适用于大肠菌群含量较高的食品中大肠菌群的计数）。本次任务使用第一法进行计数。MPN 法是统计学和微生物学结合的一种定量检测法。样品经过处理与稀释后，用月桂基硫酸盐胰蛋白胨（lauryl sulfate tryptose，LST）肉汤培养基进行初发酵试验，证实样品或其稀释液中是否存在大肠菌群，初发酵后观察 LST 肉汤管是否产气。初发酵产气管须经过煌绿乳糖胆盐（brilliant green lactose bile，BGLB）肉汤培养基做验证实验，以此确定是否为阳性。根据其未生长的最低稀释度与生长的最高稀释度，应用统计学概率论推算出待测样品中大肠菌群的最大可能数。

大肠菌群 MPN 计数法的检验程序见图 5-2。

大肠菌群检测技术

1. 样品处理

固体和半固体样品：称取 25g 样品，放入盛有 225mL 磷酸盐缓冲液或生理盐水的无菌均质杯内，8000～10000r/min 均质 1～2min，或放入盛有 225mL 磷酸盐缓冲液或生理盐水的无菌均质袋中，用拍击式均质器拍打 1～2min，制成 1∶10 的样品匀液。

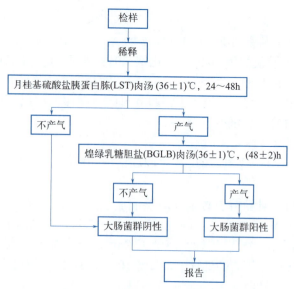

图5-2 大肠菌群MPN法检验程序

液体样品：以无菌吸管吸取 25mL 样品置盛有 225mL 磷酸盐缓冲液或生理盐水的无菌锥形瓶（瓶内预置适当数量的无菌玻璃珠）或其他无菌容器中充分振摇或置于机械振荡器中振摇，充分混匀，制成 1∶10 的样品匀液。

2. 调节 pH

样品匀液的 pH 应在 6.5～7.5 之间，必要时分别用 1mol/L NaOH 或 1mol/L HCl 调节。

3. 10 倍系列稀释

用 1mL 无菌吸管或微量移液器吸取 1∶10 样品匀液 1mL，沿管壁缓缓注入含 9mL 磷酸盐缓冲液或生理盐水的无菌试管中（注意吸管或吸头尖端不要触及稀释液面），振摇试管或换用 1 支 1mL 无菌吸管反复吹打，使其混合均匀，制成 1∶100 的样品匀液。根据对样品污染状况的估计，按上述操作，依次制成 10 倍递增系列稀释样品匀液。每递增稀释 1 次，换用 1 支 1mL 无菌吸管或吸头。从制备样品匀液至样品接种完毕，全过程不得超过 15min。

4. 初发酵试验

每个样品，选择 3 个适宜的连续稀释度的样品匀液（液体样品可以选择原液），每个稀释度接种 3 管月桂基硫酸盐胰蛋白胨（LST）肉汤，每管接种 1mL（如接种量超过 1mL，则用双料 LST 肉汤），（36±1）℃培养（24±2）h，观察倒管内是否有气泡产生，（24±2）h 产气者进行复发酵试验（证实试验），如未产气则继续培养至（48±2）h，产气者进行复发酵试验（证实试验）。未产气者为大肠菌群阴性。

5. 复发酵试验（证实试验）

用接种环从产气的 LST 肉汤管中分别取培养物 1 环，移种于煌绿乳糖胆盐（BGLB）肉汤管中，（36±1）℃培养（48±2）h，观察产气情况。产气者，计为大肠菌群阳性管。

6. 大肠菌群最可能数（MPN）的报告

按复发酵试验确证的大肠菌群 BGLB 阳性管数，检索 MPN 表（表 5-5），报告每 g（mL）样品中大肠菌群的 MPN 值。

表5-5　大肠菌群最可能数（MPN）检索表

阳性管数			MPN	95% 可信限		阳性管数			MPN	95% 可信限	
0.10	0.01	0.001		下限	上限	0.10	0.01	0.001		下限	上限
0	0	0	<3.0	—	9.5	2	2	0	21	4.5	42
0	0	1	3.0	0.15	9.6	2	2	1	28	8.7	94
0	1	0	3.0	0.15	11	2	2	2	35	8.7	94
0	1	1	6.1	1.2	18	2	3	0	29	8.7	94
0	2	0	6.2	1.2	18	2	3	1	36	8.7	94
0	3	0	9.4	3.6	38	3	0	0	23	4.6	94
1	0	0	3.6	0.17	18	3	0	1	38	8.7	110
1	0	1	7.2	1.3	18	3	0	2	64	17	180
1	0	2	11	3.6	38	3	1	0	43	9	180
1	1	0	7.4	1.3	20	3	1	1	75	17	200
1	1	1	11	3.6	38	3	1	2	120	37	420
1	2	0	11	3.6	42	3	1	3	160	40	420
1	2	1	15	4.5	42	3	2	0	93	18	420
1	3	0	16	4.5	42	3	2	1	150	37	420
2	0	0	9.2	1.4	38	3	2	2	210	40	430
2	0	1	14	3.6	42	3	2	3	290	90	1000
2	0	2	20	4.5	42	3	3	0	240	42	1000
2	1	0	15	3.7	42	3	3	1	460	90	2000
2	1	1	20	4.5	42	3	3	2	1100	180	4100
2	1	2	27	8.7	94	3	3	3	>1100	420	—

注：1. 本表采用3个稀释度［0.1g（mL）、0.01g（mL）、0.001g（mL）］，每个稀释度接种3管。
2. 表内所列检验量如改用1g（mL）、0.1g（mL）、0.01g（mL）时，表内数字应相应降低为1/10；如改用0.01g（mL）、0.001g（mL）、0.0001g（mL）时，表内数字应相应增高10倍，其余类推。

7. 注意事项

① 煌绿乳糖胆盐（BGLB）肉汤培养基中的胆盐可抑制革兰氏阳性菌；煌绿是抑菌抗腐剂，可增强对革兰氏阳性菌的抑制作用；乳糖是大肠菌群可利用发酵的糖类，有利于大肠菌群的生长繁殖并有助于鉴别大肠菌群和肠道致病菌。

② 在进行10倍系列稀释时，每一稀释度应更换一支吸管，每一稀释液应充分振摇，使其均匀。

③ 在进行稀释时，应使吸管内液体沿管壁流入，勿使吸管尖端深入稀释液内，以免吸管外部黏附的检液溶于其中。

④ 在LST初发酵试验中，经常可以看到在发酵管内存在极微小的气泡，有时比小米粒还小，类似这样的情况能否算作产气阳性？一般来说产气量与大肠菌群检出率呈正相关，伴随产品种类不同而有差异，有小于米粒的气泡产生也有可能检出阳性。对这类有疑问的发酵管，可以用手轻轻打动试管，如有气泡沿壁上浮，则应考虑可能有气体产生而应做进一步观察。

⑤ 当实验结果在MPN表中无法查找到MPN值时，如阳性管数为122、123、232、233等时，建议增加稀释度（可做4~5个稀释度），使样品的最高稀释度能达到获得阴

性终点，然后再遵循相关的规则进行查找，最终确定 MPN。

【实施报告】

检验结果填入下表。

大肠菌群计数检验报告

样品名称		样品规格	
生产批号		环境条件	
检验项目		生产日期	
检验依据		检验日期	

仪器设备和耗材：

培养基及试剂：

实验过程：

接种量									
管号	1	2	3	1	2	3	1	2	3
初发酵									
复发酵									
阳性管数									
结果报告									
国标要求									
结论									
备注									

检验员：　　　　　　　　　　　　　　　　　　　日期：
复核人：　　　　　　　　　　　　　　　　　　　日期：

【巩固提升】

① 大肠菌群国标检测方法中各培养基的作用是什么？
② 若复发酵试验确证的阳性管数在 MPN 检索表中查不出来，应怎么办？
③ 如何使用平板计数法进行大肠菌群计数？

【任务评价】

大肠菌群计数评价表

项目	评分标准	得分
实验准备	工作服穿戴整齐（2分）	
	实验试剂耗材准备齐全（10分）	

续表

项目	评分标准	得分
样品制备	用 75% 酒精棉球正确进行手的消毒（3分）	
	正确使用吸管，垂直调节液面，放液时吸管尖端不触及液面（5分）	
	10 倍系列稀释操作准确，稀释时能混合均匀，每变化一个稀释倍数更换一个吸管（7分）	
	试管手持姿势准确，开塞盖塞动作熟练，开塞前后管口灭菌（4分）	
	在火焰旁的无菌区域进行稀释接种（3分）	
初发酵试验	三个稀释度选择正确（6分）	
	每个稀释度溶液能正确接种到相应的发酵管中（5分）	
	判定的初发酵结果与初发酵管产气现象一致（10分）	
复发酵试验	正确使用接种环，取出培养物后接种环不碰壁，不过火，使用前后灭菌彻底（2分）	
	正确选择出发酵的产气管进行接种（5分）	
	在火焰旁的无菌区域进行复发酵接种（3分）	
	判定的复发酵结果与复发酵管产气现象一致（10分）	
报告填写	报告填写认真、字迹清晰（3分）	
	报告结果规范、准确（7分）	
实验整理	仪器归位，试剂回收，整理台面（5分）	
素质养成	如实记录实验数据，具备数据处理能力，能够严格按照国标进行操作，具有国标意识和严谨求实的科学态度（10分）	
备注		
总得分		

任务三　霉菌和酵母计数

【任务概述】

按照检验机构要求对市场上抽检的发酵乳制品进行霉菌和酵母指标检验，作为质检员完成样品的霉菌和酵母计数。

【任务要求】

① 熟悉霉菌和酵母测定的意义。
② 能够熟练查询国标并根据国标方法进行霉菌和酵母计数。
③ 培养标准意识，操作规范，具备科学严谨的实验态度。

【任务实施】

一、任务分析

完成样品的霉菌和酵母计数，需要明确以下问题：

① 霉菌和酵母计数依据的国标是什么？
② 发酵乳制品进行霉菌和酵母计数应该使用哪种检测方法？
③ 发酵乳制品的微生物指标要求是什么？

二、材料准备

1. 设备和材料

除微生物实验室常规灭菌及培养设备外，其他设备和材料如下。
① 培养箱：（28±1）℃。
② 拍击式均质器及均质袋。
③ 电子天平：感量 0.1g。
④ 无菌锥形瓶：容量 500mL。
⑤ 无菌吸管：1mL（具 0.01mL 刻度）、10mL（具 0.1mL 刻度）。
⑥ 无菌试管：18mm×18mm。
⑦ 旋涡混合器。
⑧ 无菌平皿：直径 90mm。
⑨ 恒温水浴箱：（46±1）℃。

2. 培养基和试剂

（1）生理盐水

称取 8.5g 氯化钠溶于 1000mL 蒸馏水中，121℃高压灭菌 15min。

（2）无菌磷酸盐缓冲液

① 贮存液：称取 34.0g 的磷酸二氢钾溶于 500mL 蒸馏水中，用大约 175mL 的 1mol/L 氢氧化钠溶液调节 pH 至 7.2±0.1，用蒸馏水稀释至 1000mL 后贮存于冰箱。

② 稀释液：取贮存液 1.25mL，用蒸馏水稀释至 1000mL，分装于适宜容器中，121℃高压灭菌 15min。

（3）马铃薯葡萄糖琼脂培养基

成分：马铃薯（去皮切块）300g、葡萄糖 20.0g、琼脂 20.0g、氯霉素 0.1g、蒸馏水 1000mL。

制法：将马铃薯去皮切块加 1000mL 蒸馏水，煮沸 10~20min，用纱布过滤，补加蒸馏水至 1000mL，加入葡萄糖和琼脂加热溶解，分装后 121℃灭菌 15min，备用。

（4）孟加拉红琼脂培养基

成分：蛋白胨 5.0g、葡萄糖 10.0g、磷酸二氢钾 1.0g、无水硫酸镁 0.5g、琼脂 20.0g、孟加拉红 0.033g、氯霉素 0.1g、蒸馏水 1000mL。

制法：将上述各成分加入蒸馏水中加热溶解，补足蒸馏水至 1000mL，分装后，121℃灭菌 15min，避光备用。

三、实验步骤

按 GB 4789.15—2016《食品安全国家标准 食品微生物学检验 霉菌和酵母计数》的规定进行测定。本标准中规定了两种测定方法，第一种是平板计数法，适用于各类食品中霉菌和酵母的计数；第二种是霉菌直接镜检计数法，适用于番茄罐头、番茄汁中的霉菌计数。本次任务使用第一种测定方法对发酵乳制品中的霉菌和酵母进行计数。

霉菌和酵母平板计数法的检验程序见图 5-3。

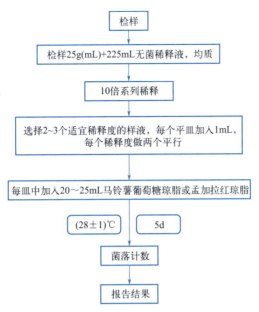

图5-3 霉菌和酵母平板计数法检验程序

1. 样品处理

固体和半固体样品：称取 25g 样品，放入 225mL 无菌稀释液（磷酸盐缓冲液或生理盐水或蒸馏水），充分振摇，或用拍击式均质器拍打 1～2min，制成 1∶10 的样品匀液。

液体样品：以无菌吸管吸取 25mL 样品置盛有 225mL 无菌稀释液（磷酸盐缓冲液或生理盐水或蒸馏水）的适宜容器内（瓶内预置适当数量的无菌玻璃珠）或无菌均质袋中，充分振摇或用拍击式均质器拍打 1～2min，制成 1∶10 的样品匀液。

2. 10 倍系列稀释

用 1mL 无菌吸管或微量移液器吸取 1∶10 样品匀液 1mL，沿管壁缓慢注于盛有 9mL 无菌稀释液的试管中，换用另 1 支无菌吸管反复吹打使其混合均匀，或在旋涡混合器上混匀，制成 1∶100 的样品匀液。重复以上操作制备 10 倍系列稀释样品匀液。每递增稀释一次，换用 1 次 1mL 无菌吸管或吸头。

3. 倒平板

根据对样品污染状况的估计，选择 2～3 个适宜稀释度的样品匀液（液体样品可包括原液），在进行 10 倍递增稀释时，每个稀释度吸取 1mL 样品匀液于 2 个无菌平皿内。同时，分别吸取 1mL 空白稀释液加入 2 个无菌平皿内作空白对照。及时将 20～25mL 冷却至 46℃的马铃薯葡萄糖琼脂或孟加拉红琼脂培养基［可放置于（46±1）℃恒温水浴箱中保温］倾注平皿，并转动平皿使其混合均匀。置水平台面待培养基完全凝固。

4. 培养

待琼脂凝固后，正置平板，（28±1）℃培养，观察并记录培养至第 5 天的结果。

5. 菌落计数

用肉眼观察，必要时可用放大镜或低倍镜，记录稀释倍数和相应的霉菌和酵母菌落数，以菌落形成单位 CFU 表示。选取菌落数在 10～150CFU 的平板，根据菌落形态分别计数霉菌和酵母。霉菌蔓延生长覆盖整个平板的可记录为菌落蔓延。

6. 结果计算

① 若只有一个稀释度平板上的菌落数在适宜计数范围内,计算同一稀释度的两个平板菌落数平均值,再将平均值乘以相应稀释倍数。

② 若有两个连续稀释度的平板菌落数均在 10~150CFU 之间,按下式计算:

$$N = \frac{\sum C}{(n_1 + 0.1n_2)d}$$

式中　N——样品中菌落数;

　　　$\sum C$——平板(含适宜范围菌落数的平板)菌落数之和;

　　　n_1——第一稀释度(低稀释倍数)平板个数;

　　　n_2——第二稀释度(高稀释倍数)平板个数;

　　　d——稀释因子(第一稀释度)。

③ 若所有稀释度的平板上菌落数均大于 150CFU,则对稀释度最高的平板进行计数,其他平板可记录为多不可计,结果按平均菌落数乘以最高稀释倍数计算。

④ 若所有稀释度的平板菌落数均小于 10CFU,则应按稀释度最低的平均菌落数乘以稀释倍数计算。

⑤ 若所有稀释度(包括液体样品原液)平板均无菌落生长,则以小于 1 乘以最低稀释倍数计算。

⑥ 若所有稀释度的平板菌落数均不在 10~150CFU 之间,其中一部分小于 10CFU 或大于 150CFU 时,则以最接近 10CFU 或 150CFU 的平均菌落数乘以稀释倍数计算。

7. 结果报告

① 菌落数按"四舍五入"原则修约。菌落数在 10CFU 以内时,采用一位有效数字报告,在 10~100CFU 之间时,采用两位有效数字报告。

② 菌落数大于或等于 100CFU 时,第三位数字采用"四舍五入"原则修约后,取前两位数字,后面 0 代替位数;也可用 10 的指数形式来表示,按"四舍五入"原则修约后,采用两位有效数字。

③ 若空白对照上有菌落生长,则此次检测结果无效。

④ 称重取样以 CFU/g 为单位报告,体积取样以 CFU/mL 为单位报告,一起报告霉菌和酵母数或分别报告霉菌或酵母数。

8. 注意事项

① 样品在稀释时建议采用拍击式均质器或均质袋,避免振荡方式造成均质不够,或者旋转刀均质器造成霉菌菌丝体切断的问题。

② 旋涡混合器可以保证样品稀释液的均匀,减少污染机会。使用移液枪或移液管反复吹吸样品及稀释液,会造成有害气溶胶污染以及增大污染风险。

③ 在霉菌和酵母计数中,主要使用以下几种选择性培养基:

A. 马铃薯葡萄糖琼脂培养基:霉菌和酵母在该培养基上生长良好,在做平板计数时,必须加入抗生素以抑制细菌,氯霉素能够耐高压灭菌,可直接加入培养基中再灭菌。

B. 孟加拉红培养基:该培养基中的孟加拉红和抗生素具有抑制细菌的作用,孟加拉红还可以抑制霉菌菌落的蔓延生长。在菌落背面由孟加拉红产生的红色有助于霉菌和酵母菌落的计数。

④ 倾注培养时每个样品应选择 3 个适宜的稀释度，每个稀释度倾注两个平皿，培养基冷却至（45±1）℃，立即倾注并旋转混匀。先向一个方向旋转，再转向相反方向，充分混合均匀。培养基凝固后，正置培养，主要是避免在反复观察的过程中上下颠倒平板，导致霉菌孢子扩散形成次生小菌落。大多数霉菌和酵母在 25～30℃ 的情况下生长良好，因此培养温度为 25～28℃。培养 3 天后开始观察菌落生长情况，共培养 5 天，观察并记录结果。

【实施报告】

将检验结果填入下表。

霉菌和酵母计数检验报告

样品名称		样品规格	
生产批号		环境条件	
检验项目		生产日期	
检验依据		检验日期	

仪器设备及耗材：

培养基及试剂：

实验过程：

项目名称	霉菌			
稀释浓度				空白
1				
2				
平均值				
结果报告				
国标要求				
结论				
项目名称	酵母			
稀释浓度				空白
1				
2				

续表

平均值				
结果报告				
国标要求				
结论				
备注				

检验员：　　　　　　　　　　　　　　日期：
复核人：　　　　　　　　　　　　　　日期：

【巩固提升】

① 霉菌和酵母的检验意义是什么？
② 马铃薯葡萄糖琼脂培养基和孟加拉红琼脂培养基各有何作用？
③ 霉菌和酵母计数时有哪些注意事项？

【任务评价】

霉菌和酵母计数评价表

项目	评分标准	得分
实验准备	工作服穿戴整齐（2分）	
	实验试剂耗材准备齐全（10分）	
样品制备	样品前处理方式准确，制成1∶10样品匀液（10分）	
	正确使用吸管，垂直调节液面，放液时吸管尖端不触及液面（5分）	
	10倍系列稀释操作准确，稀释时能混合均匀，每变化一个稀释倍数更换一个吸管（10分）	
	在火焰旁的无菌区域进行稀释接种（3分）	
培养	稀释度选择合适，做空白对照（5分）	
	培养基冷却温度合适，倾注平皿，混合均匀（5分）	
	培养条件设置准确，倒置培养（10分）	
菌落计数	准确记录各平皿的菌落数（8分）	
	根据菌落计数情况，准确进行结果计算（7分）	
报告填写	报告填写认真、字迹清晰（3分）	
	报告结果规范、准确（7分）	
实验整理	仪器归位，试剂回收，整理台面（5分）	
素质养成	认真细致如实记录实验数据，具备数据处理能力，能够严格按照国标进行操作，具有严谨求实的科学态度（10分）	
备注		
总得分		

任务四　商业无菌检测

【任务概述】

某市场监督管理局抽检了市场上的黄桃罐头，对其进行商业无菌检验，作为质检员完成样品的商业无菌检验。

【任务要求】

① 了解商业无菌基本要求。
② 能够按照国标要求熟练进行商业无菌检验。
③ 增强食品安全意识，提高实践动手能力。

【任务实施】

一、任务分析

完成样品的商业无菌检验，需要明确以下问题：
① 什么是商业无菌？
② 商业无菌检测依据是什么？
③ 如何判定商业无菌？

二、材料准备

1. 设备和材料

除微生物实验室常规灭菌及培养设备外，其他设备和材料如下：
① 冰箱：2～5℃。
② 恒温培养箱：（30±1）℃，（36±1）℃，（55±1）℃。
③ 恒温水浴箱：（55±1）℃。
④ 均质器及无菌均质袋、均质杯或乳钵。
⑤ 电位 pH 计（精确度 pH0.05 单位）。
⑥ 显微镜：10～100 倍。
⑦ 开罐器和罐头打孔器。
⑧ 电子秤或台式天平。
⑨ 超净工作台或百级洁净实验室。

2. 培养基和试剂

① 无菌生理盐水：称取 8.5g 氯化钠溶于 1000mL 蒸馏水中，121℃高压灭菌 15min。
② 结晶紫染色液：将 1.0g 结晶紫完全溶解于 20mL 95% 乙醇中，再与 80mL 1% 草酸铵溶液混合。
③ 二甲苯。
④ 含 4% 碘的乙醇溶液：4g 碘溶于 100mL 的 70% 乙醇溶液。

三、实施步骤

根据 GB 4789.26—2013《食品安全国家标准 食品微生物学检验 商业无菌检验》规定的程序对样品进行商业无菌检验，检验程序如图 5-4 所示。

1. 样品准备

去除样品表面标签，在包装容器表面用防水的油性记号笔做好标记，并记录容器、编号、产品性状、泄漏情况、是否有小孔或锈蚀、压痕、膨胀及其他异常情况。

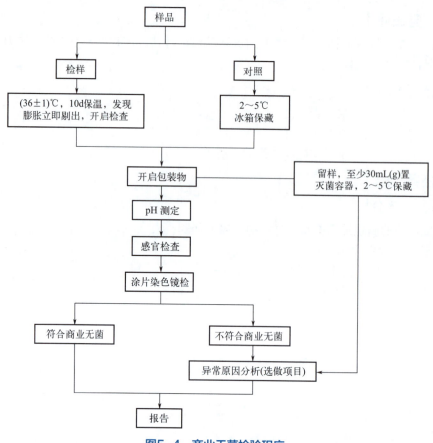

图5-4 商业无菌检验程序

2. 称重

1kg及以下的包装物精确到1g，1kg以上的包装物精确到2g，10kg以上的包装物精确到10g，并记录。

3. 保温

① 每个批次取1个样品置2～5℃冰箱保存作为对照，将其余样品在（36±1）℃下保温10d。保温过程中应每天检查，如有膨胀或泄漏现象，应立即剔出，开启检查。

② 保温结束时，再次称重并记录，比较保温前后样品重量有无变化。如有变轻，表明样品发生泄漏。将所有包装物置于室温直至开启检查。

4. 开启

① 如有膨胀的样品，则将样品先置于2～5℃冰箱内冷藏数小时后开启。

② 如有膨胀用冷水和洗涤剂清洗待检样品的光滑面。水冲洗后用无菌毛巾擦干。以含4%碘的乙醇溶液浸泡消毒光滑面15min后用无菌毛巾擦干，在密闭罩内点燃至表面残余的碘乙醇溶液全部燃烧完。膨胀样品以及采用易燃包装材料包装的样品不能灼烧，以含4%碘的乙醇溶液浸泡消毒光滑面30min后用无菌毛巾擦干。

③ 在超净工作台或百级洁净实验室中开启。带汤汁的样品开启前应适当振摇。使用无菌开罐器在消毒后的罐头光滑面开启一个适当大小的口，开罐时不得伤及卷边结

构，每一个罐头单独使用一个开罐器，不得交叉使用。如样品为软包装，可以使用灭菌剪刀开启，不得损坏接口处。立即在开口上方嗅闻气味，并记录。

注：严重膨胀样品可能会发生爆炸，喷出有毒物。可以采取在膨胀样品上盖一条灭菌毛巾或者用一个无菌漏斗倒扣在样品上等预防措施来防止这类危险的发生。

5. 留样

开启后，用灭菌吸管或其他适当工具以无菌操作取出内容物至少 30mL（g）至灭菌容器内，保存于 2～5℃冰箱中，在需要时可用于进一步试验，待该批样品得出检验结论后可弃去。开启后的样品可进行适当的保存，以备日后容器检查时使用。

6. 感官检查

在光线充足、空气清洁无异味的检验室中，将样品内容物倾入白色搪瓷盘内，对产品的组织、形态、色泽和气味等进行观察和嗅闻，按压食品检查产品性状，鉴别食品有无腐败变质的迹象，同时观察包装容器内部和外部的情况，并记录。

7. pH 测定

（1）样品处理

液态制品混匀备用，有固相和液相的制品则取混匀的液相部分备用。对于稠厚或半稠厚制品以及难以从中分出汁液的制品（如：糖浆、果酱、果冻、油脂等），取一部分样品在均质器或研钵中研磨，如果研磨后的样品仍太稠厚，加入等量的无菌蒸馏水，混匀备用。

（2）测定

将电极插入被测试样液中，并将 pH 计的温度校正器调节到被测液的温度。如果仪器没有温度校正系统，被测试样液的温度应调到（20±2）℃的范围之内，采用适合于所用 pH 计的步骤进行测定。当读数稳定后，从仪器的标度上直接读出 pH，精确到 pH 0.05 单位。

同一个制备试样至少进行两次测定。两次测定结果之差应不超过 0.1pH 单位。取两次测定的算术平均值作为结果，报告精确到 0.05pH 单位。与同批中冷藏保存对照样品相比，比较是否有显著差异。pH 相差 0.5 及以上判为显著差异。

8. 涂片染色镜检

（1）涂片

取样品内容物进行涂片。带汤汁的样品可用接种环挑取汤汁涂于载玻片上，固态食品可直接涂片或用少量灭菌生理盐水稀释后涂片，待干后用火焰固定。油脂性食品涂片自然干燥并用火焰固定后，用二甲苯清洗，自然干燥。

（2）染色镜检

对涂片用结晶紫染色液进行单染色，干燥后镜检，至少观察 5 个视野，记录菌体的形态特征以及每个视野的菌数。与同批冷藏保存对照样品相比，判断是否有明显的微生物增殖现象。菌数有百倍或百倍以上的增长则判为明显增殖。

9. 结果判定

样品经保温试验未出现泄漏；保温后开启，经感官检验、pH 测定、涂片镜检，确证无微生物增殖现象，则可报告该样品为商业无菌。

样品经保温试验出现泄漏；保温后开启，经感官检验、pH 测定、涂片镜检，确证有微生物增殖现象，则可报告该样品为非商业无菌。

【实施报告】

将检验结果填入下表。

商业无菌检验报告

样品名称		样品规格	
生产批号		环境条件	
检验项目		生产日期	
检验依据		检验日期	

仪器设备及耗材：

培养基及试剂：

实验过程：

保温情况				
pH				
感官检查				
结果判定				
备注				

检验员： 日期：
复核人： 日期：

【巩固提升】

① 如何进行商业无菌异常情况的鉴定？
② 商业无菌检验时有哪些注意事项？

【任务评价】

商业无菌检验评价表

项目	评分标准	得分
实验准备	工作服穿戴整齐（2分）	
	实验试剂耗材准备齐全（5分）	
样品准备	去除标签，做好标记（5分）	
	记录样品情况（3分）	
称重	根据罐头质量准确称重（6分）	

续表

项目	评分标准	得分
保温	罐头表面擦拭方法正确（6分）	
	在超净工作台中开罐（6分）	
	开启后，立即在上方嗅闻，并记录（6分）	
留样	准确留样并保存（4分）	
感官检查	样品倾入白色搪瓷盘中进行感官检查（2分）	
	从产品的组织、形态、色泽和气味等进行观察和嗅闻，按压食品检查产品性状，鉴别食品有无腐败变质的迹象（10分）	
pH 测定	准确进行样品处理（4分）	
	会使用 pH 计进行测定（7分）	
镜检	会制作涂片（4分）	
	涂片进行染色并准确观察（6分）	
报告填写	报告填写认真、字迹清晰（3分）	
	报告结果规范、准确（6分）	
实验整理	仪器归位，试剂回收，整理台面（5分）	
素质养成	认真细致如实记录实验数据，具备实践动手能力，能够严格按照国标进行操作，具有食品安全意识（10分）	
备注		
得分		

任务五　沙门氏菌检验

【任务概述】

按照检验机构要求对市场上抽检的乳制品进行微生物指标检验，作为质检员完成样品的沙门氏菌检验。

【任务要求】

① 了解沙门氏菌的生理生化特性。
② 能够按照国标要求熟练进行沙门氏菌检验。
③ 增强食品安全意识，严格执行国标规定，培养精益求精的职业精神。

【任务实施】

一、任务分析

完成样品的沙门氏菌检验，需要明确以下问题：
① 沙门氏菌的检测国标是什么？
② 沙门氏菌检测流程是什么？
③ 乳制品中对沙门氏菌的要求是什么？

二、材料准备

1. 设备和材料

除微生物实验室常规灭菌及培养设备外，其他设备和材料如下：

① 冰箱：2～5℃。
② 恒温培养箱：（36±1）℃，（42±1）℃。
③ 均质器。
④ 振荡器。
⑤ 电子天平：感量 0.1g。
⑥ 无菌锥形瓶：容量 500mL、250mL。
⑦ 无菌吸管：1mL（具 0.01mL 刻度）、10mL（具 0.1mL 刻度）或微量移液器及吸头。
⑧ 无菌培养皿：直径 60mm、90mm。
⑨ 无菌试管：3mm×50mm、10mm×75mm。
⑩ pH 计或 pH 比色管或精密 pH 试纸。
⑪ 全自动微生物生化鉴定系统。
⑫ 无菌毛细管。

2. 培养基和试剂

（1）缓冲蛋白胨水（BPW）

成分：蛋白胨 10.0g、氯化钠 5.0g、磷酸氢二钠（含 12 个结晶水）9.0g、磷酸二氢钾 1.5g、蒸馏水 1000mL。

制法：将各成分加入蒸馏水中，搅混均匀，静置约 10min，煮沸溶解，调节 pH 至 7.2±0.2，121℃高压灭菌 15min。

（2）四硫磺酸钠煌绿（TTB）增菌液

成分：基础液、硫代硫酸钠溶液、碘溶液、煌绿水溶液、牛胆盐溶液。

① 基础液：将 10.0g 蛋白胨、5.0g 牛肉膏、3.0g 氯化钠加入 1000mL 蒸馏水中，煮沸溶解，再加入 45.0g 碳酸钙，调节 pH 至 7.0±0.2，121℃高压灭菌 15min。

② 硫代硫酸钠溶液：硫代硫酸钠（含 5 个结晶水）50.0g 溶于 100mL 蒸馏水中，121℃高压灭菌 20min。

③ 碘溶液：将碘化钾 25.0g 充分溶解于少量的蒸馏水中，再投入碘片 20.0g，振摇至碘片全部溶解为止，然后加蒸馏水至 100mL，贮存于棕色瓶内，塞紧瓶盖备用。

④ 0.5% 煌绿水溶液：煌绿 0.5g 溶于 100mL 蒸馏水中，溶解后，存放于暗处，不少于 1d，使其自然灭菌。

⑤ 牛胆盐溶液：牛胆盐 10.0g 溶于 100mL 蒸馏水中，加热煮沸至完全溶解，121℃高压灭菌 20min。

制法：取基础液 900mL、硫代硫酸钠溶液 100mL、碘溶液 20.0mL、煌绿水溶液 2.0mL、牛胆盐溶液 50.0mL，临用前，按上述顺序以无菌操作依次加入基础液中，每加入一种成分，均应摇匀后再加入另一种成分。

（3）亚硒酸盐胱氨酸（SC）增菌液

成分：蛋白胨 5.0g、乳糖 4.0g、磷酸氢二钠 10.0g、亚硒酸氢钠 4.0g、L-胱氨酸 0.01g、蒸馏水 1000mL。

制法：除亚硒酸氢钠和 L-胱氨酸外，将各成分加入蒸馏水中，煮沸溶解，冷至 55℃以下，以无菌操作加入亚硒酸氢钠和 1g/L L-胱氨酸溶液 10mL（称取 0.1g L-胱氨酸，加 1mol/L 氢氧化钠溶液 15mL，使溶解，再加无菌蒸馏水至 100mL 即成，如为 DL-胱氨酸，用量应加倍）。摇匀，调节 pH 至 7.0±0.2。

（4）亚硫酸铋（BS）琼脂

成分：蛋白胨 10.0g、牛肉膏 5.0g、葡萄糖 5.0g、硫酸亚铁 0.3g、磷酸氢二钠 4.0g、煌绿 0.025g 或 5.0g/L 水溶液 5.0mL、柠檬酸铋铵 2.0g、亚硫酸钠 6.0g、琼脂 18.0~20.0g、蒸馏水 1000mL。

制法：将前三种成分加入 300mL 蒸馏水（制作基础液），硫酸亚铁和磷酸氢二钠分别加入 20mL 和 30mL 蒸馏水中，柠檬酸铋铵和亚硫酸钠分别加入另一 20mL 和 30mL 蒸馏水中，琼脂加入 600mL 蒸馏水中。然后分别搅拌均匀，煮沸溶解。冷至 80℃ 左右时，先将硫酸亚铁和磷酸氢二钠混匀，倒入基础液中，混匀。再将柠檬酸铋铵和亚硫酸钠混匀，倒入基础液中，再混匀。调节 pH 至 7.5±0.2，随即倾入琼脂液中，混合均匀，冷至 50~55℃。加入煌绿溶液，充分混匀后立即倾注平皿。需要注意的是本培养基不需要高压灭菌，在制备过程中不宜过分加热，避免降低其选择性，贮于室温暗处，超过 48h 会降低其选择性，本培养基宜于当天制备，第二天使用。

（5）HE 琼脂

成分：蛋白胨 12.0g、牛肉膏 3.0g、乳糖 12.0g、蔗糖 12.0g、水杨素 2.0g、胆盐 20.0g、氯化钠 5.0g、琼脂 18.0~20.0g、蒸馏水 1000mL、0.4% 溴麝香草酚蓝溶液 16.0mL、Andrade 指示剂 20.0mL（0.5g 酸性复红溶解于 100mL 蒸馏水中，加入 1mol/L 氢氧化钠溶液 16.0mL。数小时后若复红褪色不全，则再加氢氧化钠溶液 1~2mL）、甲液 20.0mL（硫代硫酸钠 34.0g、柠檬酸铁铵 4.0g 溶于 100mL 蒸馏水中）、乙液 20.0mL（去氧胆酸钠 10.0g 溶于 100mL 蒸馏水中）。

制法：将前面七种成分溶解于 400mL 蒸馏水内作为基础液，将琼脂加入 600mL 蒸馏水内。然后分别搅拌均匀，煮沸溶解。加入甲液和乙液于基础液内，调节 pH 至 7.5±0.2。再加入指示剂，并与琼脂液合并，待冷至 50~55℃ 倾注平皿。需要注意的是本培养基不需要高压灭菌，在制备过程中不宜过分加热，避免降低其选择性。

（6）木糖赖氨酸脱氧胆盐（XLD）琼脂

成分：酵母膏 3.0g、L-赖氨酸 5.0g、木糖 3.75g、乳糖 7.5g、蔗糖 7.5g、去氧胆酸钠 2.5g、柠檬酸铁铵 0.8g、硫代硫酸钠 6.8g、氯化钠 5.0g、琼脂 15.0g、酚红 0.08g、蒸馏水 1000mL。

制法：除酚红和琼脂外，将其他成分加入 400mL 蒸馏水中，煮沸溶解，调节 pH 至 7.4±0.2。另将琼脂加入 600mL 蒸馏水中，煮沸溶解。将上述两溶液混合均匀后，再加入指示剂，待冷至 50~55℃ 倾注平皿。注意本培养基不需要高压灭菌，在制备过程中不宜过分加热，避免降低其选择性，贮于室温暗处。本培养基宜于当天制备，第二天使用。

（7）沙门氏菌属显色培养基

（8）三糖铁（TSI）琼脂

成分：蛋白胨 20.0g、牛肉膏 5.0g、乳糖 10.0g、蔗糖 10.0g、葡萄糖 1.0g、硫酸亚铁铵（含 6 个结晶水）0.2g、酚红 0.025g 或 5.0g/L 溶液 5.0mL、氯化钠 5.0g、硫代硫酸钠 0.2g、琼脂 12.0g、蒸馏水 1000mL。

制法：除酚红和琼脂外，将其他成分加入 400mL 蒸馏水中，煮沸溶解，调节 pH 至 7.4±0.2。另将琼脂加入 600mL 蒸馏水中，煮沸溶解。将上述两溶液混合均匀后，再加入指示剂，混匀，分装试管，每管约 2~4mL，121℃ 高压灭菌 10min 或 115℃ 高压灭菌

15min，灭菌后制成高层斜面，呈橘红色。

（9）蛋白胨水、靛基质试剂

① 蛋白胨水

成分：蛋白胨（或胰蛋白胨）20.0g、氯化钠 5.0g、蒸馏水 1000mL。

制法：将上述成分加入蒸馏水中，煮沸溶解，调节 pH 至 7.4±0.2，分装小试管，121℃高压灭菌 15min。

② 靛基质试剂

柯凡克试剂：将 5g 对二甲氨基苯甲醛溶解于 75mL 戊醇中，然后缓慢加入浓盐酸 25mL。

欧波试剂：将 1g 对二甲氨基苯甲醛溶解于 95mL95% 乙醇内。然后缓慢加入浓盐酸 20mL。

③ 试验方法：挑取小量培养物接种，在（36±1）℃培养 1~2d，必要时可培养 4~5d。加入柯凡克试剂约 0.5mL，轻摇试管，阳性者于试剂层呈深红色；或加入欧波试剂约 0.5mL，沿管壁流下，覆盖于培养液表面，阳性者于液面接触处呈玫瑰红色。

（10）尿素琼脂（pH7.2）

成分：蛋白胨 1.0g、氯化钠 5.0g、葡萄糖 1.0g、磷酸二氢钾 2.0g、0.4% 酚红 3.0mL、琼脂 20.0g、蒸馏水 1000mL、20% 尿素溶液 100mL。

制法：除尿素、琼脂和酚红外，将其他成分加入 400mL 蒸馏水中，煮沸溶解，调节 pH 至 7.2±0.2。另将琼脂加入 600mL 蒸馏水中，煮沸溶解。将上述两溶液混合均匀后，加入指示剂，然后分装，121℃高压灭菌 15min。冷至 50~55℃，加入经除菌过滤的尿素溶液。尿素的最终浓度为 2%。分装于无菌试管内，放成斜面备用。

（11）氰化钾（KCN）培养基

成分：蛋白胨 10.0g、氯化钠 5.0g、磷酸二氢钾 0.225g、磷酸氢二钠 5.64g、蒸馏水 1000mL、0.5% 氰化钾 20.0mL。

制法：将除氰化钾以外的成分加入蒸馏水中，煮沸溶解，分装后 121℃高压灭菌 15min。放在冰箱内使其充分冷却。每 100mL 培养基加入 0.5% 氰化钾溶液 2.0mL（最后浓度为 1:10000），分装于无菌试管内，每管约 4mL，立刻用无菌橡皮塞塞紧，放在 4℃冰箱内，至少可保存两个月。同时，将不加氰化钾的培养基作为对照培养基，分装试管备用。

（12）赖氨酸脱羧酶试验培养基

成分：蛋白胨 5.0g、酵母浸膏 3.0g、葡萄糖 1.0g、蒸馏水 1000mL、1.6% 溴甲酚紫-乙醇溶液 1.0mL、L-赖氨酸 0.5g/100mL 或 DL-赖氨酸 1.0g/100mL。

制法：除赖氨酸以外的成分加热溶解后，分装每瓶 100mL，分别加入赖氨酸。L-赖氨酸按 0.5% 加入，DL-赖氨酸按 1% 加入。调节 pH 至 6.8±0.2。对照培养基不加赖氨酸。分装于无菌的小试管内，每管 0.5mL，上面滴加一层液体石蜡，115℃高压灭菌 10min。

（13）糖发酵管

成分：牛肉膏 5.0g、蛋白胨 10.0g、氯化钠 3.0g、磷酸氢二钠（含 12 个结晶水）2.0g、0.2% 溴麝香草酚蓝溶液 12.0mL、蒸馏水 1000mL。

制法：葡萄糖发酵管按上述成分配好后，调节 pH 至 7.4±0.2。按 0.5% 加入葡萄糖，分装于有一个倒置小管的小试管内，121℃高压灭菌 15min。其他各种糖发酵管可按上述成分配好后，分装每瓶 100mL，121℃高压灭菌 15min。另将各种糖类分别配好 10% 溶液，同时高压灭菌。将 5mL 糖溶液加入 100mL 培养基内，以无菌操作分装小试管。注意蔗糖不纯，加热后会自行水解者，应采用过滤法除菌。

（14）邻硝基酚 β-D 半乳糖苷培养基

成分：邻硝基酚 β-D 半乳糖苷（ONPG）60.0mg、0.01mol/L 磷酸钠缓冲液（pH7.5）10.0mL、1% 蛋白胨水（pH7.5）30.0mL。

制法：将 ONPG 溶于缓冲液内，加入蛋白胨水，以过滤法除菌，分装于无菌的小试管内，每管 0.5mL，用橡皮塞塞紧。

（15）半固体琼脂

成分：牛肉膏 0.3g、蛋白胨 1.0g、氯化钠 0.5g、琼脂 0.35～0.4g、蒸馏水 100mL。

制法：按以上成分配好，煮沸溶解，调节 pH 至 7.4±0.2。分装小试管，121℃高压灭菌 15min，直立凝固备用。此培养基供动力观察、菌种保存、H 抗原位相变异试验等用。

（16）丙二酸钠培养基

成分：酵母浸膏 1.0g、硫酸铵 2.0g、磷酸氢二钾 0.6g、磷酸二氢钾 0.4g、氯化钠 2.0g、丙二酸钠 3.0g、0.2% 溴麝香草酚蓝溶液 12.0mL、蒸馏水 1000mL。

制法：除指示剂以外的成分溶解于水，调节 pH 至 6.8±0.2，再加入指示剂，分装试管，121℃高压灭菌 15min。

（17）沙门氏菌 O、H 和 Vi 诊断血清

（18）生化鉴定试剂盒

三、实验步骤

按 GB 4789.4—2016《食品安全国家标准 食品微生物学检验 沙门氏菌检验》的规定进行检验。

沙门氏菌的检验程序见图 5-5。

1. 预增菌

无菌操作称取 25g（mL）样品，置于盛有 225mL BPW 的无菌均质杯或合适容器内，以 8000～10000r/min 均质 1～2min，或置于盛有 225mL BPW 的无菌均质袋中，用拍击式均质器拍打 1～2min。若样品为液态，不需要均质，振荡混匀。如需调整 pH，用 1mol/L 无菌 NaOH 或 HCl 调 pH 至 6.8±0.2。无菌操作将样品转至 500mL 锥形瓶或其他合适容器内（如均质杯本身具有无孔盖，可不转移样品），如使用均质袋，可直接进行培养，于（36±1）℃培养 8～18h。如为冷冻产品，应在 45℃以下不超过 15min，或 2～5℃不超过 18h 解冻。

2. 增菌

轻轻摇动培养过的样品混合物，移取 1mL，转种于 10mL 四硫磺酸钠煌绿（TTB）增菌液内，于（42±1）℃培养 18～24h。同时，另取 1mL，转种于 10mL 亚硒酸盐胱氨酸（SC）增菌液内，于（36±1）℃培养 18～24h。

3. 分离

分别用直径 3mm 的接种环取增菌液 1 环，划线接种于一个 BS 琼脂平板和一个

XLD琼脂平板（或HE琼脂平板或沙门氏菌属显色培养基平板），于（36±1）℃分别培养40~48h（BS琼脂平板）或18~24h（XLD琼脂平板、HE琼脂平板、沙门氏菌属显色培养基平板），观察各个平板上生长的菌落，各个平板上的菌落特征见表5-6。

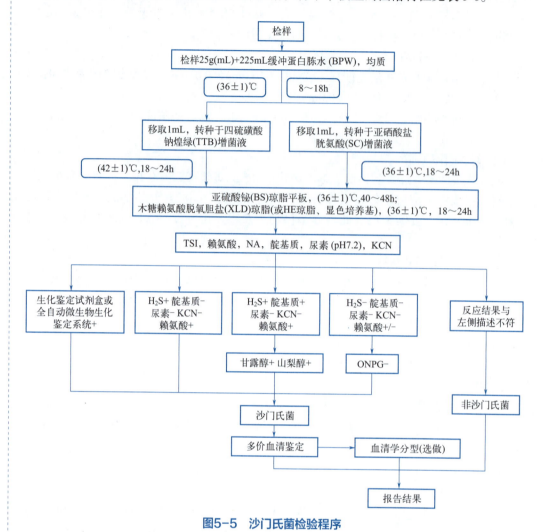

图5-5 沙门氏菌检验程序

表5-6 沙门氏菌属在不同选择性琼脂平板上的菌落特征

选择性琼脂平板	沙门氏菌
BS	菌落为黑色有金属光泽、棕褐色或灰色，菌落周围培养基可呈黑色或棕色；有些菌株形成灰绿色的菌落，周围培养基不变
HE	菌落为蓝绿色或蓝色，多数菌落中心黑色或几乎全黑色；有些菌株为黄色，中心黑色或几乎全黑色
XLD	菌落呈粉红色，带或不带黑色中心，有些菌株可呈现大的带光泽的黑色中心，或呈现全部黑色的菌落；有些菌株为黄色菌落，带或不带黑色中心
沙门氏菌属显色培养基	按照显色培养基的说明进行判定

4. 生化试验

① 自选择性琼脂平板上分别挑取 2 个以上典型或可疑菌落，接种三糖铁琼脂，先在斜面划线，再于底层穿刺；接种针不要灭菌，直接接种赖氨酸脱羧酶试验培养基和营养琼脂平板，于（36±1）℃培养 18～24h，必要时可延长至 48h。在三糖铁琼脂和赖氨酸脱羧酶试验培养基内，沙门氏菌属的反应结果见表 5-7。

表 5-7　沙门氏菌属在三糖铁琼脂和赖氨酸脱羧酶试验培养基内的反应结果

三糖铁琼脂				赖氨酸脱羧酶试验培养基	初步判断
斜面	底层	产气	硫化氢		
K	A	+（-）	+（-）	+	可疑沙门氏菌
K	A	+（-）	+（-）	-	可疑沙门氏菌
A	A	+（-）	+（-）	+	可疑沙门氏菌
A	A	+/-	+/-	-	非沙门氏菌
K	K	+/-	+/-	+/-	非沙门氏菌

注：K 为产碱，A 为产酸；+ 为阳性，- 为阴性；+（-）为多数阳性，少数阴性；+/- 为阳性或阴性。

② 接种三糖铁琼脂和赖氨酸脱羧酶试验培养基的同时，可直接接种蛋白胨水（供做靛基质试验）、尿素琼脂（pH7.2）、氰化钾（KCN）培养基，也可在初步判断结果后从营养琼脂平板上挑取可疑菌落接种。于（36±1）℃培养 18～24h，必要时可延长至 48h，按表 5-8 判定结果。将已挑菌落的平板储存于 2～5℃或室温至少保留 24h，以备必要时复查。

表 5-8　沙门氏菌属生化反应初步鉴别表 Ⅰ

反应序号	硫化氢	靛基质	pH7.2 尿素	氰化钾	赖氨酸脱羧酶
A1	+	-	-	-	+
A2	+	+	-	-	+
A3	-	-	-	-	+/-

注：+ 为阳性；- 为阴性；+/- 为阳性或阴性。

反应序号 A1：典型反应判定为沙门氏菌属。如尿素、氰化钾和赖氨酸脱羧酶 3 项中有 1 项异常，按表 5-9 可判定为沙门氏菌。如有 2 项异常为非沙门氏菌。

表 5-9　沙门氏菌属生化反应初步鉴别表 Ⅱ

pH7.2 尿素	氰化钾	赖氨酸脱羧酶	判定结果
-	-	-	甲型副伤寒沙门氏菌（要求血清学鉴定结果）
-	+	+	沙门氏菌 Ⅳ 或 Ⅴ（要求符合本群生化特性）
+	-	+	沙门氏菌个别变体（要求血清学鉴定结果）

注：+ 为阳性；- 为阴性。

反应序号 A2：补做甘露醇和山梨醇试验，沙门氏菌靛基质阳性变体两项试验结果均为阳性，但需要结合血清学鉴定结果进行判定。

反应序号 A3：补做 ONPG。ONPG 阴性为沙门氏菌，同时赖氨酸脱羧酶阳性，甲型副伤寒沙门氏菌为赖氨酸脱羧酶阴性。

必要时按表5-10进行沙门氏菌生化群的鉴别。

表5-10　沙门氏菌属各生化群的鉴别

项目	Ⅰ	Ⅱ	Ⅲ	Ⅳ	Ⅴ	Ⅵ
卫矛醇	+	+	−	−	+	−
山梨醇	+	+	+	+	+	−
水杨苷	−	−	−	+	−	−
ONPG	−	−	+	−	+	−
丙二酸盐	−	+	+	−	−	−
氰化钾	−	−	−	+	+	−

注：+ 为阳性；− 为阴性。

③ 如选择生化鉴定试剂盒或全自动微生物生化鉴定系统，可根据表5-7的初步判断结果，从营养琼脂平板上挑取可疑菌落，用生理盐水制备成浊度适当的菌悬液，使用生化鉴定试剂盒或全自动微生物生化鉴定系统进行鉴定。

5. 血清学鉴定

（1）检查培养物有无自凝性

一般采用1.2%～1.5%琼脂培养物作为玻片凝集试验用的抗原。首先排除自凝集反应，在洁净的玻片上滴加一滴生理盐水，将待测培养物混合于生理盐水滴内，使成为均一性的混浊悬液，将玻片轻轻摇动 30～60s，在黑色背景下观察反应（必要时用放大镜观察），若出现可见的菌体凝集，即认为有自凝性，反之无自凝性。对无自凝的培养物参照下面方法进行血清学鉴定。

（2）多价菌体抗原（O）鉴定

在玻片上划出 2 个约 1cm×2cm 的区域，挑取 1 环待测菌，各放 1/2 环于玻片上的每一区域上部，在其中一个区域下部加 1 滴多价菌体（O）抗血清，在另一区域下部加入 1 滴生理盐水，作为对照。再用无菌的接种环或针分别将两个区域内的菌苔研成乳状液。将玻片倾斜摇动混合 1min，并对着黑暗背景进行观察，任何程度的凝集现象皆为阳性反应。O血清不凝集时，将菌株接种在琼脂量较高的（如2%～3%）培养基上再检查；如果是由于 Vi 抗原的存在而阻止了 O 凝集反应时，可挑取菌苔于 1mL 生理盐水中做成浓菌液，于酒精灯火焰上煮沸后再检查。

（3）多价鞭毛抗原（H）鉴定

操作同抗原 O 的鉴定。H 抗原发育不良时，将菌株接种在 0.55%～0.65% 半固体琼脂平板的中央，待菌落蔓延生长时，在其边缘部分取菌检查；或将菌株通过接种装有 0.3%～0.4% 半固体琼脂的小玻管 1～2 次，自远端取菌培养后再检查。

6. 血清学分型（选做）

（1）O 抗原的鉴定

用 A～F 多价 O 血清做玻片凝集试验，同时用生理盐水做对照。在生理盐水中自凝者为粗糙型菌株，不能分型。

被 A～F 多价 O 血清凝集者，依次用 O4、O3、O10、O7、O8、O9、O2 和 O11 因

子血清做凝集试验。根据试验结果，判定 O 群。被 O3、O10 血清凝集的菌株，再用 O10、O15、O34、O19 单因子血清做凝集试验，判定 E1、E4 各亚群，每一个 O 抗原成分的最后确定均应根据 O 单因子血清的检查结果，没有 O 单因子血清的要用两个 O 复合因子血清进行核对。

不被 A～F 多价 O 血清凝集者，先用 9 种多价 O 血清检查，如有其中一种血清凝集，则用这种血清所包括的 O 群血清逐一检查，以确定 O 群。每种多价 O 血清所包括的 O 因子如下：

O 多价 1　A，B，C，D，E，F 群（并包括 6，14 群）
O 多价 2　13，16，17，18，21 群
O 多价 3　28，30，35，38，39 群
O 多价 4　40，41，42，43 群
O 多价 5　44，45，47，48 群
O 多价 6　50，51，52，53 群
O 多价 7　55，56，57，58 群
O 多价 8　59，60，61，62 群
O 多价 9　63，65，66，67 群

（2）H 抗原的鉴定

属于 A～F 各 O 群的常见菌型，依次用表 5-11 所述 H 因子血清检查第 1 相和第 2 相的 H 抗原。

表5-11　A～F群常见菌型H抗原表

O 群	第 1 相	第 2 相
A	a	无
B	g, f, s	无
B	i, b, d	2
C1	k, v, r, c	5, z15
C2	b, d, r	2, 5
D（不产气的）	d	无
D（产气的）	g, m, p, q	无
E1	h, v	6, w, x
E4	g, s, t	无
E4	i	—

不常见的菌型，先用 8 种多价 H 血清检查，如有其中一种或两种血清凝集，则再用这一种或两种血清所包括的各种 H 因子血清逐一检查，以确定第 1 相和第 2 相的 H 抗原。8 种多价 H 血清所包括的 H 因子如下：

H 多价 1　a, b, c, d, i
H 多价 2　eh, enx, enz_{15}, fg, gms, gpu, gp, gq, mt, gz_{51}
H 多价 3　k, r, y, z, z_{10}, lv, lw, lz_{13}, lz_{28}, lz_{40}

H 多价 4　1, 2; 1, 5; 1, 6; 1, 7; z_6
H 多价 5　z_4z_{23}, z_4z_{24}, z_4z_{32}, z_{29}, z_{35}, z_{36}, z_{38}
H 多价 6　z_{39}, z_{41}, z_{42}, z_{44}
H 多价 7　z_{52}, z_{53}, z_{54}, z_{55}
H 多价 8　z_{56}, z_{57}, z_{60}, z_{61}, z_{62}

每一个 H 抗原成分的最后确定均应根据 H 单因子血清的检查结果，没有 H 单因子血清的要用两个 H 复合因子血清进行核对。检出第 1 相 H 抗原而未检出第 2 相 H 抗原的或检出第 2 相 H 抗原而未检出第 1 相 H 抗原的，可在琼脂斜面上移种 1~2 代后再检查。如仍只检出一个相的 H 抗原，要用位相变异的方法检查其另一个相。单相菌不必做位相变异检查。

位相变异试验方法如下：

简易平板法：将 0.35%~0.4% 半固体琼脂平板烘干表面水分，挑取因子血清 1 环，滴在半固体平板表面，放置片刻，待血清吸收到琼脂内，在血清部位的中央点种待检菌株，培养后，在形成蔓延生长的菌苔边缘取菌检查。

小玻管法：将半固体管（每管 1~2mL）在酒精灯上熔化并冷至 50℃，取已知相的 H 因子血清 0.05~0.1mL，加入熔化的半固体内，混匀后，用毛细管吸取分装于供位相变异试验的小玻管内，待凝固后，用接种针挑取待检菌，接种于一端。将小玻管平放在平皿内，并在其旁放一团湿棉花，以防琼脂中水分蒸发而干缩，每天检查结果，待另一相细菌解离后，可以从另一端挑取细菌进行检查。培养基内血清的浓度应有适当的比例，过高时细菌不能生长，过低时同一相细菌的动力不能抑制。一般按原血清 1︰200~1︰800 的量加入。

小倒管法：将两端开口的小玻管（下端开口要留一个缺口，不要平齐）放在半固体管内，小玻管的上端应高出培养基的表面，灭菌后备用。临用时在酒精灯上加热熔化，冷至 50℃，挑取因子血清 1 环，加入小套管中的半固体内，略加搅动，使其混匀，待凝固后，将待检菌株接种于小套管中的半固体表层内，每天检查结果，待另一相细菌解离后，可从套管外的半固体表面取菌检查，或转种 1% 软琼脂斜面，于 36℃ 培养后再做凝集试验。

（3）Vi 抗原的鉴定

用 Vi 因子血清检查。已知具有 Vi 抗原的菌型有：伤寒沙门氏菌、丙型副伤寒沙门氏菌、都柏林沙门氏菌。

（4）菌型的判定

根据血清学分型鉴定的结果，按照 GB 4789.4—2016 附录 B 或有关沙门氏菌属抗原表判定菌型。

7. 结果与报告

综合以上生化试验和血清学鉴定的结果，报告 25g（mL）样品中检出或未检出沙门氏菌。

8. 注意事项

（1）预增菌

① 缓冲蛋白胨水（BPW）是基础增菌培养基。不含任何抑制成分，有利于受损伤的沙门氏菌复苏，使受损伤的沙门氏菌细胞恢复到稳定的生理状态。BPW 一般用于加

工食品或冷冻食品的预增菌，目的是使沙门氏菌属得到一定的增殖，增殖时间可按照相应标准的一般规定，但延长增殖时间有时可以提高阳性检出率。增菌培养的温度一般为36～42℃。

② 鲜肉、鲜蛋、鲜乳或其他未经加工的食品不必经过预增菌。

（2）增菌

① 四硫磺酸钠煌绿（TTB）增菌液含有胆盐，抑制革兰氏阳性菌和部分大肠埃希氏菌的生长，而伤寒与副伤寒沙门氏菌仍能生长。

② 亚硒酸盐胱氨酸（SC）增菌液可对伤寒及其他沙门氏菌做选择性增菌，亚硒酸与蛋白胨中的含硫氨基酸结合，形成亚硒酸和硫的复合物，可影响细菌硫代谢，从而抑制大肠埃希氏菌、肠球菌和变形杆菌的增殖。

（3）平板分离

① 亚硫酸铋（BS）琼脂含有煌绿、亚硫酸铋，能抑制大肠杆菌、变形杆菌和革兰氏阳性菌的生长，但对伤寒、副伤寒沙门氏菌等的生长无影响。伤寒杆菌及其他沙门氏菌能利用葡萄糖将亚硫酸铋还原成硫酸铋，形成黑色菌落，周围绕有黑色和棕色的环，对光观察可见金属光泽。该培养基制备过程不宜过分加热，以免降低其选择性，应在临用时配制，使用时间不超过48h。此培养基在制作过程中不能过分加热，否则可使培养基的选择性降低。与TTB或SC合用可获得更高的检出率。

② HE琼脂在保证细菌所需营养的基础上，加入了一些抑制剂，如胆盐、柠檬酸盐、去氧胆酸钠等，可抑制某些肠道致病菌和革兰氏阳性菌的生长，但对革兰氏阴性的肠道致病菌则无抑制作用。

③ XLD琼脂培养基中含有去氧胆酸钠指示剂，在该浓度下的去氧胆酸钠也可作为大肠埃希氏菌的抑制剂，而不影响沙门氏菌属和志贺氏菌属的生长。XLD培养基分离沙门氏菌和志贺氏菌的敏感性超过了传统的培养基，如EMB、SS、BS等。因这些培养基尚有抑制志贺氏菌属生长的潜在因素，故本培养基是分离鉴定沙门氏菌及志贺氏菌属的可靠培养基。

④ 沙门氏菌显色培养基主要用于快速筛选、分离沙门氏菌，其主要是利用沙门氏菌特异性酶与显色基团的特有反应，水解底物并释放出显色基团，沙门氏菌在培养基上呈紫色或紫红色，大肠杆菌等其他肠道杆菌呈蓝绿色。

（4）生化鉴定

① 在TSI琼脂中有两个指示剂体系。一个是酚红，在碱性环境中呈红色，在酸性环境中呈黄色；另一个是硫酸亚铁铵，硫化氢的指示剂可与硫化氢反应生成硫化铁，呈黑色，硫代硫酸钠可防止硫化氢氧化形成S—S键而影响反应。

② 赖氨酸脱羧酶试验阳性反应为培养基不改变颜色，而培养基变黄色者为阴性反应。本实验要做空白对照，培养基需用液体石蜡封盖，阻止空气的氧化作用。

③ 氰化钾实验必须设置对照管，若对照管细菌生长良好，实验管细菌不生长可判定为阴性。若对照管与实验管均无细菌生长则应重复试验。实验失败的主要原因是封口不严，氰化钾逐渐分解，生成氢氰酸气体逸出，以致药物浓度降低，细菌生长，呈假阳性反应。

【实施报告】

将检验结果填入下表。

沙门氏菌检验报告

样品名称		样品规格	
生产批号		环境条件	
检验项目		生产日期	
检验依据		检验日期	

仪器设备及耗材：

培养基及试剂：

实验过程：

平板分离	BS 琼脂				
	HE 琼脂				
	XLD 琼脂				
	显色培养基				
生化鉴定	硫化氢	靛基质	pH7.2 尿素	氰化钾	赖氨酸脱羧酶
进一步生化鉴定	甘露醇		山梨醇		ONPG
结果报告					
国标要求					
结论					
备注					

检验员： 日期：
复核人： 日期：

【拓展提升】

① 在进行沙门氏菌检验时为什么要进行预增菌和增菌？
② 如何根据沙门氏菌属在三糖铁琼脂和赖氨酸脱羧酶试验的培养结果进行初步判定？
③ 如何预防沙门氏菌的污染？

【任务评价】

沙门氏菌检验评价表

项目	评分标准	得分
实验准备	工作服穿戴整齐（2分）	
	实验试剂耗材准备齐全（10分）	
预增菌	样品前处理方式准确（5分）	
	培养条件设置准确，进行培养（5分）	

续表

项目	评分标准	得分
增菌	准确进行转种操作（7分）	
	培养条件设置准确，进行培养（5分）	
分离	稀释度选择合适，做空白对照，准确进行划线接种（6分）	
	观察菌落生长情况并记录菌落特征（7分）	
生化试验	可疑菌落培养，记录反应结果（8分）	
	生化反应初步鉴定（10分）	
血清学鉴定	抗原准备准确（5分）	
	观察多价菌体抗原凝集反应，有凝集为阳性（5分）	
报告填写	报告填写认真、字迹清晰（3分）	
	报告结果规范、准确（7分）	
实验整理	仪器归位，试剂回收，整理台面（5分）	
素质养成	认真细致如实记录实验数据，具备数据处理能力，能够严格按照国标进行操作，具有严谨求实的科学态度和精益求精的职业精神（10分）	
备注		
得分		

任务六　金黄色葡萄球菌检验

【任务概述】

2000年6月底到7月中旬，日本有14555人因喝牛奶感染金黄色葡萄球菌，感染源来自日本当时最大的牛奶生产商雪印乳业。事故原因是牛奶生产过程中卫生条件很差，而且退回的牛奶经过卫生条件不合格的人工操作，加回到产品中重新销售，从而导致了金黄色葡萄球菌污染。作为质检员完成样品的金黄色葡萄球菌检验，并思考如何预防金黄色葡萄球菌的污染。

【任务要求】

① 了解金黄色葡萄球菌的生理生化特性。
② 能够按照国标要求熟练进行金黄色葡萄球菌检验。
③ 具有获取、分析、归纳信息及分析解决问题的能力，培养创新的职业精神。

【任务实施】

一、任务分析

完成样品的金黄色葡萄球菌检验，需要明确以下问题：
① 金黄色葡萄球菌检验的国标是什么？
② 金黄色葡萄球菌检验流程是什么？
③ 金黄色葡萄球菌的主要污染途径是什么？

二、材料准备

1. 设备和材料

除微生物实验室常规灭菌及培养设备外，其他设备和材料如下：

① 恒温培养箱：（36±1）℃。
② 冰箱：2~5℃。
③ 恒温水浴箱：36~56℃。
④ 天平：感量 0.1g。
⑤ 均质器。
⑥ 振荡器。
⑦ 无菌吸管：1mL（具 0.01mL 刻度）、10mL（具 0.1mL 刻度）或微量移液器及吸头。
⑧ 无菌锥形瓶：容量 100mL、500mL。
⑨ 无菌培养皿：直径 90mm。
⑩ 涂布棒。
⑪ pH 计或 pH 比色管或精密 pH 试纸。

2. 培养基和试剂

（1）7.5% 氯化钠肉汤

成分：蛋白胨 10.0g、牛肉膏 5.0g、氯化钠 75g、蒸馏水 1000mL。

制法：将上述成分加热溶解，调节 pH 至 7.4±0.2，分装，每瓶 225mL，121℃高压灭菌 15min。

（2）血琼脂平板

成分：豆粉琼脂（pH7.5±0.2）100mL、脱纤维羊血（或兔血）5~10mL。

制法：加热熔化豆粉琼脂，冷却至 50℃，以无菌操作向 100mL 豆粉琼脂中加入脱纤维羊血，摇匀，倾注平板。

（3）Baird-Parker（BP）琼脂平板

成分：胰蛋白胨 10.0g、牛肉膏 5.0g、酵母膏 1.0g、丙酮酸钠 10.0g、甘氨酸 12.0g、氯化锂（$LiCl \cdot 6H_2O$）5.0g、琼脂 20.0g、蒸馏水 950mL。

增菌剂的配法：30% 卵黄盐水 50mL 与通过 0.22μm 孔径滤膜进行过滤除菌的 1% 亚碲酸钾溶液 10mL 混合，保存于冰箱内。

制法：将各成分加到蒸馏水中，加热煮沸至完全溶解，调节 pH 至 7.0±0.2。分装每瓶 95mL，121℃高压灭菌 15min。临用时加热熔化琼脂，冷至 50℃，每 95mL 加入预热至 50℃的卵黄亚碲酸钾增菌剂 5mL 摇匀后倾注平板。培养基应是致密不透明的，使用前在冰箱储存不得超过 48h。

（4）脑心浸出液肉汤（BHI）

成分：胰蛋白胨 10.0g、氯化钠 5.0g、磷酸氢二钠（$12H_2O$）2.5g、葡萄糖 2.0g、牛心浸出液 500mL。

制法：加热溶解，调节 pH 至 7.4±0.2，分装 16mm×160mm 试管，每管 5mL 置 121℃灭菌 15min。

（5）兔血浆

3.8% 柠檬酸钠溶液：取柠檬酸钠 3.8g，加蒸馏水 100mL，溶解后过滤，装瓶，121℃高压灭菌 15min。

兔血浆制备：取 3.8% 柠檬酸钠溶液 1 份，加兔全血 4 份，混好静置（或以 3000r/min 离心 30min），使血液细胞下降，即可得血浆。

（6）磷酸盐缓冲液

贮存液：称取 34.0g 的磷酸二氢钾溶于 500mL 蒸馏水中，用大约 175mL 的 1mol/L

氢氧化钠溶液调节 pH 至 7.2，用蒸馏水稀释至 1000mL 后贮存于冰箱。

稀释液：取贮存液 1.25mL，用蒸馏水稀释至 1000mL，分装于适宜容器中，121℃高压灭菌 15min。

（7）营养琼脂小斜面

成分：蛋白胨 10.0g、牛肉膏 3.0g、氯化钠 5.0g、琼脂 15.0～20.0g、蒸馏水 1000mL。

制法：将除琼脂以外的各成分溶解于蒸馏水内，加入 15% 氢氧化钠溶液约 2mL，调节 pH 至 7.3±0.2。加入琼脂，加热煮沸，使琼脂熔化，分装 13mm×130mm 试管，121℃高压灭菌 15min。

（8）革兰氏染色液

① 结晶紫染色液：将 1.0g 结晶紫完全溶解于 20.0mL 95% 乙醇中，然后与 80.0mL 1% 草酸铵水溶液混合。

② 革兰氏碘液：将 1.0g 碘与 2.0g 碘化钾先行混合，加入蒸馏水少许充分振摇，待完全溶解后，再加蒸馏水至 300mL。

③ 沙黄复染液：将 0.25g 沙黄溶解于 10.0mL 95% 乙醇中，然后用 90.0mL 蒸馏水稀释。

（9）无菌生理盐水

称取 8.5g 氯化钠溶于 1000mL 蒸馏水中，121℃高压灭菌 15min。

三、实验步骤

GB 4789.10—2016《食品安全国家标准 食品微生物学检验 金黄色葡萄球菌检验》中规定了金黄色葡萄球菌的三种检验方法，第一法是定性检验，第二法是平板计数法，第三法是 MPN 计数。本项目要求按国标规定的第一法进行金黄色葡萄球菌定性检验。

金黄色葡萄球菌的检验

金黄色葡萄球菌定性检验程序见图 5-6。

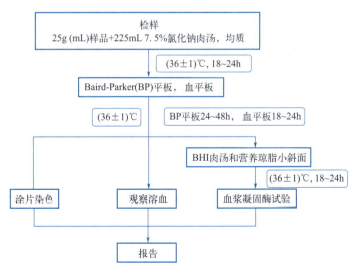

图5-6　金黄色葡萄球菌定性检验程序

1. 样品处理

称取 25g 样品至盛有 225mL 7.5% 氯化钠肉汤的无菌均质杯内，8000～10000r/min

均质 1~2min，或放入盛有 225mL 7.5% 氯化钠肉汤的无菌均质袋中，用拍击式均质器拍打 1~2min。若样品为液态，吸取 25mL 样品至盛有 225mL 7.5% 氯化钠肉汤的无菌锥形瓶（瓶内可预置适当数量的无菌玻璃珠）中，振荡混匀。

2. 增菌

将上述样品匀液于（36±1）℃培养 18~24h。金黄色葡萄球菌在 7.5% 氯化钠肉汤中呈浑浊生长。

3. 分离

将增菌后的培养物，分别划线接种到 Baird-Parker 平板和血平板，血平板（36±1）℃培养 18~24h，Baird-Parker 平板（36±1）℃培养 24~48h。

4. 初步鉴定

金黄色葡萄球菌在 Baird-Parker 平板上呈圆形，表面光滑、凸起、湿润，菌落直径为 2~3mm，颜色呈灰黑色至黑色，有光泽，常有浅色（非白色）的边缘，周围绕以不透明圈（沉淀），其外常有一清晰带。当用接种针触及菌落时具有黄油样黏稠感。有时可见到不分解脂肪的菌株，除没有不透明圈和清晰带外，其他外观基本相同。从长期贮存的冷冻或脱水食品中分离的菌落，其黑色常较典型菌落浅些，且外观可能较粗糙，质地较干燥。在血平板上，形成菌落较大，圆形、光滑凸起、湿润、金黄色（有时为白色），菌落周围可见完全透明溶血圈。挑取上述可疑菌落进行革兰氏染色镜检及血浆凝固酶试验。

5. 确证鉴定

① 染色镜检：金黄色葡萄球菌为革兰氏阳性球菌，排列呈葡萄球状，无芽孢，无荚膜，直径为 0.5~1μm。

② 血浆凝固酶试验：挑取 Baird-Parker 平板或血平板上至少 5 个可疑菌落（小于 5 个全选），分别接种到 5mL BHI 和营养琼脂小斜面，（36±1）℃培养 18~24h。

取新鲜配制兔血浆 0.5mL，放入小试管中，再加入 BHI 培养物 0.2~0.3mL，振荡摇匀，置（36±1）℃温箱或水浴箱内，每半小时观察一次，观察 6h，如呈现凝固（即将试管倾斜或倒置时，呈现凝块）或凝固体积大于原体积的一半，判定为阳性结果。同时以血浆凝固酶试验阳性和阴性葡萄球菌菌株的肉汤培养物作为对照。也可用商品化的试剂，按说明书操作，进行血浆凝固酶试验。结果如可疑，挑取营养琼脂小斜面的菌落到 5mL BHI，（36±1）℃培养 18~48h，重复试验。

6. 结果与报告

① 结果判定：符合初步鉴定和确证鉴定结果的可判定为金黄色葡萄球菌。

② 结果报告：在 25g（mL）样品中检出或未检出金黄色葡萄球菌。

7. 注意事项

① 血浆凝固酶实验可选用人血浆或兔血浆。用人血浆凝固的时间短，约 93.6% 的阳性菌 1h 内凝固。用兔血浆 1h 内凝固的阳性菌株仅达 86%，大部分菌株可在 6h 内凝固。

② 若被检物均为陈旧的培养物（超过 18~24h），或生长不良，可能造成凝固酶活性低，出现假阴性。

③ 不能使用甘露醇氯化钠琼脂上的菌落做血浆凝固酶实验，因所有高盐培养基都可以抑制 A 蛋白的产生，造成假阴性结果。

④ 不要用力振摇试管，以免凝块振碎。

⑤ 实验必须设阳性标准（金黄色葡萄球菌）、阴性（白色葡萄球菌）对照、空白（肉汤）对照。

⑥ 当食品中检出金黄色葡萄球菌时，表明食品的加工卫生条件较差，并不一定说明该食品导致了食物中毒，但当食品中未分离出金黄色葡萄球菌时，也不能证明食品中不存在葡萄球菌肠毒素。

【实施报告】

检验结果填入下表。

金黄色葡萄球菌检验报告

样品名称		样品规格	
生产批号		环境条件	
检验项目		生产日期	
检验依据		检验日期	

仪器设备及耗材：

培养基及试剂：

实验过程：

平板分离初步鉴定	Baird-Parker 平板	
	血平板	
确证鉴定	革兰氏染色	
	血浆凝固酶实验	
结果报告		
国标要求		
结论		
备注		

检验员：　　　　　　　　　　　　　　　日期：
复核人：　　　　　　　　　　　　　　　日期：

【拓展提升】

① 金黄色葡萄球菌在 Baird-Parker 平板的典型菌落特征是什么？

② 如何判定血浆凝固酶实验为阳性？

③ 如何预防金黄色葡萄球菌的污染？

④ 如何进行革兰氏涂片观察？

【任务评价】

金黄色葡萄球菌检验评价表

项目	评分标准	得分
实验准备	工作服穿戴整齐（2分）	
	实验试剂耗材准备齐全（10分）	
样品处理	样品前处理方法准确，制成样品匀液（5分）	
增菌	培养条件设置准确，进行培养（5分）	
分离	正确进行划线接种（10分）	
	培养条件设置准确，进行培养（5分）	
初步鉴定	观察菌落特征准确进行初步判断（10分）	
	准确挑取可疑菌落进行镜检和血浆凝固酶实验（10分）	
确证鉴定	革兰氏染色镜检为阳性（8分）	
	观察血浆凝固情况，能准确判断阳性（10分）	
报告填写	报告填写认真、字迹清晰（3分）	
	报告结果规范、准确（7分）	
实验整理	仪器归位，试剂回收，整理台面（5分）	
素质养成	具有分析和解决问题的能力，能够严格按照国标进行操作，具有严谨求实的科学态度，具备创新精神（10分）	
备注		
总得分		

项目三

食品微生物的快速检验

案例引导

北京冬奥会期间，火爆网络的冬奥美食给中外宾客留下了深刻印象。在花样繁多的美食背后，食品安全成为冬奥餐饮中最为重要的环节。食品安全保障中的核酸快检产品在冬奥会期间首次得到大规模应用，包括沙门氏菌核酸检测试剂盒、金黄色葡萄球菌核酸检测试剂盒、大肠杆菌O157:H7核酸检测试剂盒、副溶血性弧菌核酸检测试剂盒、蜡样芽孢杆菌核酸检测试剂盒、核酸快速提取试剂盒和快速检测箱。检测时间比传统培养法节省98%，比测试片节省97%。

思考：①为什么要进行微生物快速检验？
②微生物快速检验方法有哪些？

知识脉络

学习目标

知识：了解微生物快速检验方法。

技能：能够根据试剂盒方法进行微生物快速检验。

素养：培养迎难而上的科学探索精神与创新精神。

知识准备

随着我国社会经济的不断发展，人们对食品安全问题越来越重视。加强检测是防止由食品微生物引发食品安全问题的重要手段。传统的微生物检测方法操作繁琐、费时费力，且食品微生物种类复杂多样，不同地区微生物种类不同，更加大了检测的难度。所以迫切需要快速高效的检测手段，以最大程度地提高食品检测质量。随着分子生物学和电子技术的快速发展，新技术、新方法不断涌现，微生物的检测趋势正向着快速化、自动化、标准化以及全程追溯方向发展。

（一）培养膜法

培养膜是由两片塑料膜构成，上膜薄，作为盖，下膜厚，作为培养基。检样经稀释后制成样品匀液，取 1mL 滴于下模的正中央，然后盖上上膜。用扩展器压成直径 20cm 的两个圆圈，置于 37℃下培养 24h，根据显色的斑点数进行计数。

菌落总数测试片中含有一种红色指示剂，使所有菌落易辨别计数；大肠菌群测试片中含有指示剂，使菌落为红色且有气泡产生；金黄色葡萄球菌测试片使用了具有热稳定的核酸酶反应片，核酸酶反应产生的粉红色环带包围着的红色或蓝色菌落即为金黄色葡萄球菌，26h 可确认结果；霉菌和酵母测试片中加入的抗生素可以抑制细菌生长，指示剂使酵母菌易辨别计数，霉菌可产生特有的色泽。

3M Petrifilm™ 测试片是一种用于食品及环境中微生物检测的可再生水化干膜，由上下两层组成，上层的薄膜上通过黏合剂结合了指示剂，并涂覆了冷水可溶性凝胶，下层的纸片上涂覆了改良的培养基，并印有方格以便于计数（图5-7）。它是一种预先制备的培养基系统,只需要将待测样品或样品稀释液直接接种,即可进行下一步的培养和计数。

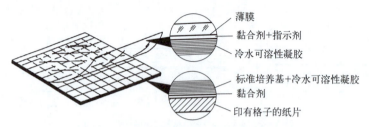

图5-7　3M Petrifilm™菌落总数测试片

根据大量数据统计,使用3M Petrifilm™可以使实验室工作效率提高118%以上。品质稳定的快速测试片克服了传统测试方法存在的由使用不同批次的培养基、不同的配制条件、不同配制人员而导致的差异性。3M快速测试的方法得到国际权威机构的认证,在全球许多国家也已获得官方机构的正式批准。对比传统的测试方法,3M快速测试法可缩短检测时间,在更短的时间内获得样品的测试结果,能更加迅速地采取有效的措施解决发现的问题。3M为食品生产工艺过程中关键控制点的监控提供了较为完整的系列产品,可以对包括生产线、生产设备和环境在内的各个环节进行全面测试。

培养膜法可明显节省培养基等试剂的配制、灭菌和玻璃仪器的灭菌和清洗时间,简化稀释的繁琐动作,节约人力和费用。因为有显色剂和小方格,计数更方便,可快速测试致病菌。缺点是成本比传统方法要稍高些,测试细菌总数、大肠菌群、霉菌和酵母菌时不能节约培养时间。

(二)螺旋平板法

样品制备的菌悬液在琼脂表面形成阿基米德螺旋曲线形轨迹。当用于分液的空心针从平板中心移向边缘时,菌液体积逐渐减少,注入的体积和琼脂半径间存在指数关系,接种针往外移动同时自动将样品稀释1000倍,如图5-8所示。培养时菌落沿注液线生长。培养完成后可用一计数方格校准与琼脂表面不同区域有关的样品量,计数每个区域的已知菌落数,再计算细菌浓度。

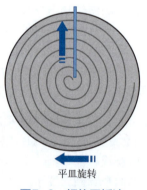

图5-8　螺旋平板法示意图

与传统方法相比,无须进行梯度稀释,节省了大量人力和物力;但检测时间并没有缩短,计数菌落总数仍需要培养48h。计数时需要配合自动菌落计数仪,否则人工计数更麻烦。

(三)ATP法

ATP是三磷酸腺苷,一种含有高能磷酸键的有机化合物,是生命活动能量的直接来源。所有的生物都含有ATP,当荧光素酶系统和ATP接触就会发荧光。ATP可来源于细菌、酵母、霉菌、生物膜、组织残留废弃物污染以及人的污染等。ATP的存在说明人接触了设备或器具;设备或器具被污染了;设备或器具清洗不正常;物品被非正常的敏感物污染;产生了微生物污染等。ATP法的检测原理:

ATP + 荧光素 + 荧光素酶 + O_2 ⟶ AMP + PPi + CO_2 + 氧化荧光素 + 光

ATP检测法可大大缩短库存时间，减少物流压力和成本，用于水质检测、食品生产线和管道的快速清洁程度检测，改良后也可用于食品的商业无菌检测或终产品检验。但ATP方法需要消耗大量较昂贵的试剂，对仪器的清洗保养要求特别高，另外，客户通常怀疑假阴性的可能，特别是用ATP单个检测代替常规微生物和致病微生物检测，存在一定的风险，如保温增菌时间不够，菌数未达到一定数量，取样量太小，培养基的原因，目标致病菌未大量增菌等都可能造成假阴性。

（四）胶体金免疫色谱检测法

氯金酸（$HAuCl_4$）在还原剂作用下，可聚合成一定大小的金颗粒，形成带负电的疏水胶体溶液，由于静电作用而成为稳定的胶体状态，故称胶体金。胶体金标记实际上是蛋白质等大分子被吸附到胶体金颗粒表面的包被过程，关键是制备单克隆抗体，然后与胶体金交联，在亲水纸色谱条上固定。胶体金检测条在临床诊断中广泛使用，方法成熟，使用简便。

胶体金微生物检测方法属于免疫检测法，检测的是死菌和活菌。样品一般需要增菌过夜。增菌后的检测非常简单，约10min一般能完成，无需专门的检测仪器，但进口的检测条的价格比较高。

（五）显色培养基技术

用显色培养基鉴定微生物是一种新的微生物快速检测技术。该技术以生化反应为基础，通过在培养基中加入细菌特异性酶的显色底物直接根据菌落颜色对菌种作出鉴定。

常见食源性致病菌检测中，李斯特氏菌显色培养基、大肠杆菌显色培养基、沙门氏菌显色培养基、金黄色葡萄球菌显色培养基等已被广泛应用于食品、医药和环境监测等领域，极大提高了微生物检测的效率。法国科玛嘉（CHROMagar）大肠杆菌显色培养基是目前应用较广泛的大肠杆菌显色培养基，在这种培养基中培养24h后，大肠杆菌呈现蓝色菌落。德国默克（Merck）公司生产的显色培养基检测沙门氏菌，沙门氏菌能水解乙二醇产酸，不能水解X-GAL，在培养基上产生特殊的红色菌落。金黄色葡萄球菌也是重要的食源性致病菌，DNA酶和凝固酶是其重要的标志酶。法国CHROMagar公司和瑞士福禄克（Fluck）公司都已研制出检测该菌的显色培养基并广泛应用于食品卫生行业。但是，显色培养基也存在一些假阳（阴）性等问题，其设计尚待优化。

 知识拓展

哪些食品可以使用快速检验法检验？

为发挥食品快速检测排查食品安全风险隐患的作用，依据《中华人民共和国食品安全法》有关规定，国家市场监督管理总局就规范食品快检使用发布了《市场监管总局关于规范食品快速检测使用的意见》（以下简称《意见》）。

《意见》明确了食品快检应具备的条件和能力。食品快检可用于对食用农产品、散装食品、餐饮食品、现场制售食品等的食品安全抽查检测，并在较短时间内显示检测结果。开展食品快检要有相应的设施设备和制度。食品快检单位应具备相应设施设备和环境条件，并制定食品快检人员培训、设施设备管理、操作规程等制度。食品快检操作人员应经过食品检验检测专业培训，熟悉相关法律法规、技术标准，掌握食品快检操作规范、质量管理等知识和技能。属地市场监管部门对食品快检操作人员的专业培训情况进行检查。

《意见》要求依法处置食品快检发现的问题产品。市场监管部门应依法规范使用食品快检方法。市场监管部门在日常监管、专项整治、活动保障等现场检查工作中，依法使用国家规定的食品快检方法开展抽查检测。对食用农产品快检结果有异议的，可以自收到检测结果时起四小时内申请复检，复检不得采用快检方法。食品快检不能替代食品检验机构的实验室检验，不能用于市场监管部门组织的食品安全抽样检验。妥善处置食品快检发现的问题产品。食品快检抽查检测结果表明可能不符合食品安全标准的，被抽查食品经营者应暂停销售相关产品；属地市场监管部门应及时跟进监督检查或委托符合法律规定的食品检验机构进行检验，及时防控食品安全风险。抽查检测结果确定有关食品不符合食品安全标准的，可以作为行政处罚的依据。

工作任务

任务　菌落总数的快速检验

【任务概述】

传统的微生物指标检测方法从样品采集到出检验结果需要较长的检测时间，而有时需要在较短的时间内便得到检验结果，所以微生物检验需要省时准确的快速检验方法。请用 3M 测试片对食品中的菌落总数进行快速检验。

【任务要求】

① 熟悉常见微生物检验指标。
② 能够根据微生物检测要求选择合适的快速检验方法。
③ 能够查阅资料并正确分析归纳处理，培养科学创新意识。

【任务实施】

一、任务分析

用 3M 测试片对食品中的菌落总数进行快速检验，需要明确以下问题：
① 什么样的方法称为快速检验方法？
② 实验室快速检测与现场快速检验的不同之处是什么？
③ 3M 测试片可以检验哪些指标？如何操作？

二、材料准备

天平、精密 pH 试纸、放大镜、无菌生理盐水、微量移液器、500mL 锥形瓶（装 225mL 生理盐水）、200mL 锥形瓶（采样）、$\varphi 18mm \times 180mm$ 试管（稀释样品）、3M 细菌菌落总数测试片。

三、实施步骤

1. 3M 测试片测试菌落总数操作方法

① 未开封时，冷藏温度不高于 8℃，并在保藏期内用完，高温度时，凝固水可以排除，包装物最好于室温开启。

②已开封的，将封口用胶带封紧。

③再封口的袋保藏于温度≤25℃和相对湿度＜50%的环境，不要冷藏已开启的包装袋，并于1个月内使用完。

④制备1∶10和更大稀释度的食物样品稀释液，称取或吸取食物样品，置入适宜的无菌容器内，如均质袋、稀释瓶、WhirlPak袋或者其他灭菌容器内。

⑤加入适量的无菌稀释液，包括0.1%的蛋白胨水、缓冲蛋白胨水、盐溶液（0.85%～0.90%）或蒸馏水。不可使用含有枸橼酸盐、酸性亚硫酸盐或硫代硫酸盐的缓冲液，因为它们能抑制菌生长。

⑥搅拌或均质样品。样品的稀释液调pH至6.5～7.2，对酸性样品的稀释液用NaOH调pH，对碱性样品用HCl调pH。

⑦将测试片置于平坦表面处，揭开上层膜。

⑧使用吸管将1mL样液垂直滴加在测试片的中央处。

⑨允许使用上层膜直接落下，切勿向下滚动上层膜。

⑩使压板隆起面底朝下，放置在上层膜中央处。

⑪轻轻地压下，使样液均匀覆盖于圆形的培养面上，切勿扭转压板。

⑫拿起压板，静置至少1min以使培养基凝固。

⑬测试片的透明面朝上，堆叠不能超过20片，有时通过增加培养箱湿度来减少水分损失。

⑭可目视及用标准菌落计数器或其他的照明放大镜计数，并可参考判读卡计算菌落数。

⑮可以分离菌落作进一步鉴定，即掀起上层膜，由培养胶上挑取单个菌落。

2. 3M测试片测试菌落总数判读方法

可用肉眼观察，必要时用放大镜或菌落计数器，记录稀释倍数和相应的菌落数量。菌落计数以菌落形成单位（CFU）表示。

①当每片菌落数大于250CFU时采用估算法，测定每小格（1cm^2）内的平均菌落数乘以20（总生长面积数）。

②选择没有液化区的几个有代表性菌落的小方格（1cm^2），计算平均菌落数，不要计数液化区内的红点。

③生长区边缘，能看到高密度的菌落，应记录为无法计数（TNTC）。

④菌落分布不均衡，记录为无法计数（TNTC）。

⑤有大量菌落，使整个生长区变粉色，仅可在生长区边缘观察到单个菌落，应记录为菌落太多无法计数（TNTC）。

⑥测试片面积为20cm^2，当菌落数超过250CFU时，为了估计菌落数，可选择其中一个或数个有代表性菌落的小方格（1cm^2），计算平均菌落数，再乘以20可得到整个测试片上的菌落数。

⑦测试片菌落数适宜计数范围是25～250CFU。

⑧测试片含有一种红色指示剂可使菌落着色，计算所有红色菌落（不论其大小和颜色深浅均计算）。

【实施报告】

将快速检验的计数结果填入下表。

菌落总数快速检验报告

样品名称		样品规格	
生产批号		环境条件	
检验项目		生产日期	
检验依据		检验日期	

仪器设备及耗材：

培养基及试剂：

实验过程：

稀释倍数		
菌落数	1	
	2	
结果报告		
国标要求		
结论		
备注		

检验员：　　　　　　　　　　　　　　　日期：
复核人：　　　　　　　　　　　　　　　日期：

【拓展提升】

① 查阅资料，还有哪些常用的微生物快速检验方法？
② 微生物快速检验方法的应用范围有哪些？
③ 微生物快速检验方法的优缺点是什么？

【任务评价】

菌落总数快速检验评价表

项目	评分标准	得分
实验准备	工作服穿戴整齐（2分）	
	实验试剂耗材准备齐全（5分）	
样品制备	样品的全部制备过程遵循无菌操作（8分）	
	正确使用10倍系列稀释进行样品稀释（10分）	

续表

项目	评分标准	得分
测试片操作	选择适宜的稀释度（8分）	
	吸管垂直滴加样液在测试片的中央处（10分）	
	压板隆起面底朝下，在上层膜中央处轻压，样液均匀覆盖（10分）	
	测试片透明面朝上堆叠小于20片（10分）	
	培养温度和时间符合要求（10分）	
报告填写	报告填写认真、字迹清晰（5分）	
	菌落识别、计数准确（7分）	
实验整理	仪器归位，试剂回收，整理台面（5分）	
素质养成	认真细致如实记录实验数据，具备数据处理能力，能够做到迎难而上，具有科学探索和创新精神（10分）	
备注		
得分		

自我评价

一、知识巩固（选择题）

1. 金黄色葡萄球菌含量较高的食品中金黄色葡萄球菌的计数应使用（　　）方法。
   A. 金黄色葡萄球菌的定性检验　　B. 金黄色葡萄球菌平板计数
   C. 金黄色葡萄球菌 MPN 计数　　D. 金黄色葡萄球菌显微计数

2. 金黄色葡萄球菌检验增菌培养时在 7.5% 氯化钠肉汤中呈（　　）生长。
   A. 沉淀　　　　B. 红色　　　　C. 清澈　　　　D. 浑浊

3. 金黄色葡萄球菌在 Baird-Parker 平板上典型菌落形态为（　　）。
   A. 呈圆形，表面光滑、凸起、湿润，菌落直径为 2～3mm，颜色呈灰黑色至黑色，有光泽，常有浅色（非白色）的边缘，周围绕以不透明圈（沉淀），其外常有一清晰带
   B. 呈圆形，表面光滑、凸起、湿润，菌落直径为 1～4mm，颜色呈灰白色至白色，有光泽，常有浅色（非白色）的边缘，周围绕以不透明圈（沉淀）
   C. 呈圆形、半透明、表面光滑的绿色菌落，用接种环轻触，有类似口香糖的质感，直径 2～3mm
   D. 呈圆形、不透明、表面粗糙的黄色菌落，用接种环轻触，有类似口香糖的质感，直径 2～3mm

4. 金黄色葡萄球菌镜检为（　　）。
   A. 革兰氏阴性球菌，排列呈葡萄球状，无芽孢，无荚膜
   B. 革兰氏阴性球菌，排列呈葡萄球状，有芽孢，有荚膜
   C. 革兰氏阳性球菌，排列呈葡萄球状，无芽孢，无荚膜
   D. 革兰氏阳性球菌，排列呈葡萄球状，有芽孢，无荚膜

模块五　食品微生物的常规检验

5. 金黄色葡萄球菌检测确证鉴定时，从典型菌落中至少选（　　）个可疑菌落进行鉴定试验。
  A. 3　　　　　B. 4　　　　　C. 5　　　　　D. 6

6. 金黄色葡萄球菌计数时选择所有菌落数合计在（　　）之间的平板，计数典型菌落数。
  A. 30～300CFU　　　　　　　B. 50～500CFU
  C. 10～100CFU　　　　　　　D. 20～200CFU

7. 沙门氏菌进行预增菌时无菌操作称取25g（mL）样品，置于盛有225mL（　　）的无菌均质杯或合适容器内。
  A. TTB　　　　B. BPW　　　　C. SC　　　　D. BS

8. 冷冻产品进行沙门氏菌检验时，解冻条件为（　　）。
  A. 在40℃以下不超过25min，或5～10℃不超过10h解冻
  B. 在45℃以下不超过15min，或2～5℃不超过18h解冻
  C. 在50℃以下不超过10min，或2～5℃不超过24h解冻
  D. 在55℃以下不超过5min，或5～10℃不超过8h解冻

9. 沙门氏菌分离培养时接种的培养基不包括（　　）。
  A. BS琼脂平板　　　　　　B. XLD琼脂平板
  C. HE琼脂平板　　　　　　D. TSI琼脂

10. 菌落计数使用的营养琼脂培养基的高压灭菌条件是温度（　　）℃，时间15min。
  A. 160　　　　B. 121　　　　C. 100　　　　D. 70

11. 在测定菌落总数时，首先将样品制成（　　）倍递增稀释液。
  A. 1∶5　　　　B. 1∶10　　　　C. 1∶15　　　　D. 1∶20

12. 菌落总数测定所用的无菌生理盐水的浓度为（　　）。
  A. 8.5g/mL　　B. 8.5g/L　　C. 9.5g/L　　D. 9.5mg/mL

13. 菌落计数时，应选取菌落个数在（　　）的平板作为菌落总数测定的标准。
  A. 小于30CFU　　　　　　B. 30～300CFU
  C. 大于300CFU　　　　　　D. 15～150CFU

14. GB 4789.3规定：食品中测定大肠菌群，从制备样品匀液至样品接种完毕，全过程不得超过（　　）min。
  A. 20　　　　B. 15　　　　C. 10　　　　D. 5

15. 霉菌测定所用的马铃薯葡萄糖琼脂培养基，制备时需要将（　　）加入到熔化的培养基中。
  A. 土霉素　　B. 氯霉素　　C. 金霉素　　D. 四环素

二、能力提升
  按照检验机构要求对市场上抽检的巴氏杀菌乳进行大肠菌群检验，根据国标要求使用平板计数法完成样品的大肠菌群计数，请设计实验方案并完成。

参考文献

[1] 胡树凯. 食品微生物学[M]. 北京：北京交通大学出版社，2016.

[2] 牛红云，严晓玲. 食品微生物[M]. 北京：科学出版社，2018.

[3] 孙志河，李军. 食品微生物实验技术[M]. 北京：高等教育出版社，2018.

[4] 杨玉红，高江原. 食品微生物学基础[M]. 北京：中国医药科技出版社，2019.

[5] 雅梅. 食品微生物检验技术[M]. 北京：化学工业出版社，2015.

[6] 罗红霞，王建. 食品微生物检验技术[M]. 北京：中国轻工业出版社，2020.

[7] 陈玮，叶素丹. 微生物学及实验实训技术[M]. 北京：化学工业出版社，2017.

[8] 姚勇芳，司徒满泉. 食品微生物检验技术[M]. 北京：科学出版社，2020.

[9] 郝生宏，关秀杰. 微生物检验[M]. 北京：化学工业出版社，2015.

[10] 杨玉红，吕玉珍. 食品微生物学[M]. 大连：大连理工大学出版社，2019.

[11] 于军. 微生物检验方法食品安全国家标准实操指南[M]. 北京：中国医药科技出版社，2017.

[12] GB 29921—2021. 食品安全国家标准 预包装食品中致病菌限量.

[13] GB 4789.1—2016. 食品安全国家标准 食品微生物学检验 总则.

[14] GB 4789.2—2022. 食品安全国家标准 食品微生物学检验 菌落总数测定.

[15] GB 4789.3—2016. 食品安全国家标准 食品微生物学检验 大肠菌群计数.

[16] GB 4789.15—2016. 食品安全国家标准 食品微生物学检验 霉菌和酵母计数.

[17] GB 4789.26—2013. 食品安全国家标准 食品微生物学检验 商业无菌检验.

[18] GB 4789.4—2016. 食品安全国家标准 食品微生物学检验 沙门氏菌检验.

[19] GB 4789.10—2016. 食品安全国家标准 食品微生物学检验 金黄色葡萄球菌检验.

[20] GB 8537—2018. 食品安全国家标准 饮用天然矿泉水.

[21] GB 5749—2022. 生活饮用水卫生标准.

[22] GB 2726—2016. 食品安全国家标准 熟肉制品.

[23] GB 2749—2015. 食品安全国家标准 蛋与蛋制品.

[24] GB 19301—2010. 食品安全国家标准 生乳.

[25] GB 19645—2010. 食品安全国家标准 巴氏杀菌乳.

[26] GB 19302—2010. 食品安全国家标准 发酵乳.

[27] GB 25191—2010. 食品安全国家标准 调制乳.

[28] GB 19644—2010. 食品安全国家标准 乳粉.

[29] GB 2712—2014. 食品安全国家标准 豆制品.

[30] GB 7099—2015. 食品安全国家标准 糕点、面包.

[31] GB 19295—2021. 食品安全国家标准 速冻面米与调制食品.

[32] GB 10136—2015. 食品安全国家标准 动物性水产制品.

[33] GB 2758—2012. 食品安全国家标准 发酵酒及其配制酒.

[34] GB 7101—2022. 食品安全国家标准 饮料.

[35] 李惠钰. 食品微生物污染频发 食品安全"微"机待解[EB/OL]. (2015-8-25)[2023-6-12].

http://journal.crnews.net/ncpsczk/2015n/dssjq/911188_20150929014830.html.

[36] 苏璇. 市场监管总局通报13批次食品抽检不合格情况[EB/OL].(2023-1-20)[2023-6-12]. https://news.cctv.com/2023/01/20/ARTIrqvdV8rGuqnb1l5NKVgn230120.shtml.

[37] 王颂. 加强雪糕产品抽检力度：上半年全国市场监管部门抽检3137批次雪糕产品[EB/OL].(2022-7-16) [2023-6-12]. http://www.news.cn/2022-07/16/c_1128837996.htm.

[38] 马涛. 购买奶粉宜理性"贪贵求洋"消费方式可以休矣[EB/OL].(2013-8-9)[2023-6-12]. http://news.cntv.cn/2013/08/09/ARTI1376006808475638.shtml.